终身成长行动指南

麦肯锡教你的7个成长法则

[日]赤羽雄二 —— 著

温玥 —— 译

推荐序
终身成长，是对自我和世界的责任

在原始社会，一个男性最重要的技能是狩猎，一个女性最重要的技能是采摘，只要掌握了这类技能，只要大地上的野兽和植物不灭绝，就可以养活自己和部落里的人。

后来，野兽驯养成家畜，随机采摘变成了刻意种植，狩猎的技能让位于饲养和耕种。虽然还有马背上的游牧民族，逐水草而居，但是定居成为可能，村落、乡镇、城市都得以发展，到了西周时期，手工艺种类繁多，号称"百工"，同时也形成了各种各样的行业。

在农耕时期，基本上，一个人如果精通一件可以用来谋生的"业"，而又生逢太平之年，没有战乱相扰，那么，就有可能养活自己乃至全家，甚至置下田宅，成为大户。

到了现代，社会分工越来越细，对人的要求也越来越高，那种一个人只要会一项手艺就可以终生无虞的状况,已经不再出现了。

信息爆炸、知识不再是匮乏而是过剩,新的科学技术不断突破和涌现,新的事物层出不穷。人类历史在过去阶段,对拥有丰富经验的长者的依赖,却变成了人老去后可能跟不上时代发展,面对充满了各种APP的新世界无所适从。

在"滴滴"和"快的"大战的时期,一位老人在路边招手叫车,但没有的士为他停下,这样的事情,不是天方夜谭。

时代已经发展到了一个与之前历史全然不同的新时段,经验不如智慧,而智慧体现于对新事物的快速学习。所有人,不管是否愿意,都必须接受"终身成长"的概念,并且从行动上有所体现,否则,就真的会遭遇"时代抛弃你时连一声再见都不说"的困境。

每一个生命来到这个世界,都不是自身选择。出生在什么样的家庭、什么样的时代,也不是自身选择。但人在成年之后,应当具备自由选择成长道路的能力,明白自己生命的意义所在,享受有限但是充满光辉的时光,也造福于这个社会。终身成长,在某些方面来说,的确是因为知识更新速度太快而带给人类的压力,但同时,也应当乐观地看待人工智能、大机器生产等给人类解放带来的契机。当人类有充足的时间去从事自己有兴趣发展的事业时,就会有更多的创新涌现。诚如这本书中所说:

"越乐观的人越会有所成长。"

真正可怕的不是老去，是停止成长。有些人达到了终生学习的境界，如王永庆，92岁高龄的他，坚持要与家人同赴美国，考察美国工厂的业务，工作到生命的最后一刻。有些人年纪轻轻就老气横秋，固步自封，每天沿着相同的轨道上班、下班、刷微博、刷抖音，活得像机器一样，空有躯壳，没有灵魂。

当我们承认自己是凡人，有生理上的极限和心理危机。同时，又能够意识到自己是独立的人，有自由意志，以及必须培养与之相匹配的能力才得以支配自由意志和独立生活。那么，在一定程度上就可以避免沦为机器的命运。只是，作为机器也是相对轻松的，所以有些人其实并不是发自内心地想要摆脱这种生活方式。正直的人无法容忍自己一边啃老一边叫嚣渴望自由。

终身成长，是对自我的一份承诺，是为了成就更好的自己所必须付出的努力。

而这份成长，并非单打独斗就能够完成，我们需要在世界上寻找同盟，和同伴一起努力，在个体和群体之间，建立完美的平衡。我们需要像战士一样享受战斗，同时也享受探索美妙事物带给我们的愉悦感。

健全的精神、健康的身体、不断进步的心智、坚定的意志、积极的行动，仿佛向上伸延的阶梯，我们沿阶而上，直入云霄。

万物生长，皆有其时，既然生逢这个时代，那就接下对自我、对世界的这份责任，同时，也通过终身成长，不断提升自己的生命品质，这样，在生命终了，我们可以骄傲地说：

"我很幸运，来过这个世界。我对自己和世界的使命已经完成，可以自豪地退场。"

萧秋水

2019 年 4 月

目 录

推荐序　终身成长，是对自我和世界的责任　001
前　言　011
　　能有所成长真是太美妙了　011
　　真实体会活着的感觉　014
　　无法成长的痛苦　015
　　任何人都能成长　016
　　妨碍成长的主要因素　017
　　持续成长所需的具体方法　019

第一章　妨碍成长的心理屏障　001
　　"反正我也做不到"　003
　　"曾经失败过"　004
　　"没有人支持我"　005
　　"马上会受到阻碍"　006

第二章　在什么时刻有所成长　009
　　不知不觉间能做到了　011

一直以为做不到的事，总算成功了 014

挑战困难，获得成功 015

第三章　在什么时刻无法成长 017

挑战新事物还是以失败告终 019

缺乏自信，无法坚持到底 020

输给"不擅长" 022

输给自卑 022

恶性循环接连不断 024

第四章　促进成长的出发点 027

1. 拥有想要成长的意愿和目标 029

2. 能够为成长付出一定的努力 030

3. 建立"我只要努力或许也能成长"的自信 031

4. 学会创造良性循环 032

5. 不可过度悲观 033

6. 能够将身体状态保持在一定水平 035

7. 找到同伴一起努力 037

第五章　成长的七个行动 039

行动1　果断降低难度 045

为何制定了目标依然无法执行　047

1. 大多数人缺乏自信　048

2. 大多数人没有信心能够完成制定的目标　050

3. 大多数人无法抵挡会阻碍目标实施的诱惑　051

4. 大多数人不知应该如何克服中途出现的障碍　052

为何"难度低一点的目标"会更好　052

即便中途暂停也要坚持完成目标　055

行动2　坚持不痛苦的努力，能令人感到快乐的努力　057

努力很痛苦吗　059

持续的努力必不可少　060

不痛苦的努力就能坚持下去　061

一旦拿出了成果就会开始感到愉快　065

痛苦与否全看个人想法　066

行动3　设法建立自信　069

奖励努力的自己　071

积累微小的成功体验　076

与愿意夸赞我们的人相处　077

想方设法地远离否定我们的人　078

尝试所有方法　081

行动4　创造良性循环　097

事先"播种" 100

带动周围的人 104

创造顺风 105

行动5 培养乐观的思维方式 107

越乐观的人越会有所成长 109

看法决定一切——灵感笔记的实践 115

乐观会传染 119

行动6 用特别的办法保持状态 123

了解自己的最佳状态是怎样的 125

有意识地保持最佳状态 130

一定要转换心情、活动身体 131

松懈很重要 133

是否超出限度 134

结识能够商量任何事的人 135

行动7 借助他人的力量，与同伴一起成长 139

独自一人能完成的事十分有限 141

只要有同伴就不容易掉队 143

能够一起成长 144

为了同伴而努力 147

借助灵感笔记寻找同伴 147

后 记 153
  切实感受到成长 153
  建立自信、恢复自信 154
  积极的心态 157
  喜欢上自己 158
  友善待人 159
  成长的圈子不断扩大 160

出版后记 162

前　言

能有所成长真是太美妙了

对我们而言，最开心的事是什么呢？如果在工作中取得了好成绩，想必会很开心吧。在此基础上，个人生活也过得十分充实，应该就会更加开心了。

但是，以上的情况也要视环境和面对的人而定，我们无法百分之百掌控局面。有时候，是否会取得成功，与自己付出的努力并无关系。

这样考虑的话，最开心的时刻应该是感觉到"自己正在成长"的时候吧。并且，这是百分之百可以通过自己的努力来获得的。

成长之后，能完成迄今为止一直无法成功做到的事。同时，也会更加自信，这是非常美妙的事。这不是一时的，而是日积月累所得到的结果。通过成长，我们能感觉到自己的可能性正在不断扩展。我们可以对自己说，"这是积累的结果，因此可以放心地将其运用在今后的工作和生活中"。我认为这样非常好。

因工作性质，我与一流企业的董事和部长这类世间所谓的"成功人士"见面的机会非常多。

然而，令我感到意外的是，在他们之中对自己和自己负责的业务有十足信心的人似乎很少。准确来说，应该是"看上去对自己和自己的能力并没有自信"。

这是一件非常可惜的事。缺乏自信会导致做事不够果敢，也会引发诸多问题。比如不敢放手一搏，比如无法拼尽全力，比如在上司和顾客面前抬不起头来。这样一来，就很难拿出成果，同时也会阻碍自身的成长。

原本这些人可以持续成长，结果却一直在原地踏步。

这对于公司来说，其实也是极大的损失。我认为这样对组织架构和培养下属也会带来极大的负面影响。

然而，无论是建立自信，还是对自身能力建立信心，并以此为基础不断成长，大多数情况下都只能独自完成。除了形式化的新任管理职位培训、员工培训这类人事制度中规定的培训，公司和上司基本不会主动为员工提供成长上的帮助。

上司或前辈带下属或后辈去喝酒时，最多只会说"你啊，进入职场之后一定要有所成长才行……"这类的话。

然而，这类谈话的效果也大不如前了。因为"酒谈会"的价值正在锐减，不仅如此，跟我们谈话的上司或前辈的成长状态也不是很理想。

这样一来，我们就只能自己保护自己。没人会告诉我们应该如何去做。

虽然市面上有众多自我启发类书籍和商务类书籍，但事实上这类书籍很少将成长当作前提条件来考虑。即便有所提及，似乎也很少阐明读过之后该如何"改变实际行动"，也缺乏直击痛点的具体的指导。

说到底，市面上现有的自我启发类书籍、商务类书籍，其编撰的本意似乎并不是"读过这本书之后，你的行动就能发生改变"。甚至可以说没考虑过这些问题，感觉即便考虑过，也很少提示具体的对策。

既然如此，"人如何才能建立自信，并不断地成长呢？""为此，该怎样制定计划，并实际付诸行动呢？"能够就这些问题进行详细的说明并提出具体建议，这样的书才更有价值。

例如，可以提出为了成长而设定目标并为之努力的方法、建立自信的方法、调整状态的方法、发挥同伴作用的方法。

像这样我们能做的事数不胜数。另外，我还想谈一下找出方法论的办法。

我衷心希望通过这本书，能让尽可能多的人感受到"能有所成长，真是太美妙了"。

真实体会活着的感觉

我认为，人在成长的时候，能"真实"体会到活着的感觉。成长后，能做到之前无法做到的事，能发现之前忽视的问题，能获得过去的自己所无法企及的视点。通过这些事能够获得真实地活着的感觉。

成长之后，我们会打从心底感到快乐，能感觉明天，乃至未来都充满了希望。这正是人的本质。

只要有活着的真实感，身心均会富有生气、充满活力。能量会源源不断地涌现。如此一来，和他人的沟通也能变得更加顺利。这样也就自然而然地能够发挥领导能力。在这种情况下，必然也伴随着好的结果，各个方面都将进入良性循环。

而另一方面，我们如果无法成长，便会四处碰壁，然后会产生"我如今到底在做什么呢"的疑问，进而日渐消沉。

恶性循环将会就此开始。在工作和生活中越来越容易踩中雷区、陷入泥潭，身处的环境也更加险恶。走到这一步，就无暇顾及是否有活着的真实感了。

无法成长的痛苦

一个人在某些环境中，如果一直无法成长，并且从很多年前开始便一直重复同样的工作，有时可能会感觉很痛苦。只要在同一个职场、同一个岗位，持续干同一份工作10年，便无法受到新事物带来的刺激。

在多数情况下，人一旦失去新事物刺激，便会停止成长，这是因为已经失去成长的必要性了。即便付出努力，试着让自己成长，很多时候也只会遭人嘲笑，或是遭受阻碍。

我支援的企业中也有不少这样的人。他们一直在付出各种各样的努力，可无论做什么，工作内容和岗位都不会发生太大的改变，甚至会觉得郁闷。并且对他们本人来说，坚持不懈地努力，也将变成一件很困难的事。

我时常在想："应该将适当的岗位轮换制度加入到公司的制度中。"我很不解，究竟是出于怎样的考虑，才会出现这种放任不管的现象，或者说，正是因为什么都没考虑，所以才会出现这种现象吗？

将人放置在无法成长的环境中，并且对其放任不管，这难道不是一种十分残忍的做法吗？

任何人都能成长

我从心底相信任何人都能获得很大的成长。

这个想法并非与生俱来，至少我在小松公司作为一名工程师的时候就没想过。那时我每天只忙于自己的工作，思考如何设计自动倾斜卡车，根本没有精力思考这个问题。

当时我也没有下属，几乎没有标准来衡量上司和前辈水平的高低。

然而，在进入社会工作的第八年，我从美国斯坦福大学毕业，回到日本，进入了麦肯锡公司工作，被分配到首尔的项目。从那时起成长就成为我时常会思考的问题。

除了麦肯锡的数十名部下之外，我还有很多机会接触客户的团队成员或是客户公司的管理层。这给了我一个持续观察的机会，能够了解到他们究竟有多么强的成长意愿，以及到底成长到何种程度。

后来，他们之中有不少人担任了重要的职务，发挥出了强大的领导能力。其中有集团控股公司的总经理，有规模相当于日本 NTT 数据公司的系统开发公司的总经理，另外还有集团各分公司的总经理、副总经理、专务董事等职务。

我坚信任何人都能成长。在那之后，这个信念也愈发地强烈。

我服务过上百家企业，一年中还会举办50～60场演讲及专题研讨会，与数千人接触的经历也让我更加确信了这个想法。

这是人最根本的性质和特性。只要有合适的环境和合适的指导，人没理由不成长。

当然，成长的速度是因人而异的，并非所有人都能迅速成长。不过，人的优秀之处就在于即便成长的速度各有不同，也能够持续地成长。

遗憾的是，肯定也会存在好几年都无法有所成长的人。只不过，在我看来，这根本不是成长的终点，只是在环境等因素的影响下，成长暂时停滞了而已。想必只要有诱因和刺激，人就能找回最根本的性质及特性，并再次开始成长。

妨碍成长的主要因素

"成长"本是每个人应有的权利，对其造成妨碍的因素有几条。

1 缺乏自信，断定"自己根本不可能成长"

有的人对自己缺乏信心，于是失去了想要成长的积极性。这些人似乎认为"学习和成长与自己无关，自己根本无法成长"。

哪怕公司的发展方向发生了改变，或者说，哪怕本人想推动意识及行动的改革，也决不会产生改变工作方式的念头。这是一个非常严峻的问题，并不只是个人的成长问题。

"自己根本无法成长""无法改变工作方式"，当一个人产生了这些想法时，那这人也就成了公司内的落后成员。

2　连续多年从事同样的工作，无法获得挑战新事物的机会

在很多公司经常能看到这种情况：由于找不到接替的人，导致当初很有前途的人被迫长年在一个部门从事同样的工作，他们就这样失去了成长的机会。

例如，进入公司后，和自己同一时期进入公司的同事经过一定的岗位轮换已经积累了大量的经验，唯独自己在财务部中被委以重任，20年间一直在重复同样的工作。即便能够晋升为组长，但从25年前开始部长一职就没有发生过变动，因此岗位基本不会发生太大的改变。

本应是优秀的人才，却因为缺乏变化，结果彻底变成了保守且不懂变通的人，这样的情况也是会真实发生的。

3　虽然在转职、调动，但是无论到哪里都会被上司训斥

有些人的工作内容会不停地改变，因此不会缺乏刺激，然

而没有遇到好上司，无论到哪里都会被上司训斥。

一个人被训斥，或许总有一些原因，但问题主要还是出在上司身上。倘若一直被上司训斥，首先需要注意的是谨防自身因此患上心理类疾病。

持续成长所需的具体方法

我认为，**持续成长其实并不是一件难事**。毕竟对人类而言，成长极其普通，绝对不是一件很特别的事。应该存在"能够让所有人持续成长的方法论和步骤"。

想要持续成长，一定要进行事前的准备，以及养成习惯。一个人什么也不做，是不会平白无故成长的。

只要设定好适当的目标，想方设法地建立自信。并且有意识地积累微小的成功体验，多与乐观的人相处，调整好状态，找到同伴一同前进，就一定会有所改变。

这样一来，任何人都能持续成长了。

这既是我的信念，也是我亲自与很多人接触、通过实践得出的结果。

我从第二章开始将会进行详细的说明，不过，我先说下本书想要传递的观念，那就是"任何人，只要以成长为目标并为之付出一定的努力，就能跨越障碍，不断地成长"。

有些人即使只抱着"要是能成长就好了"这样模糊的想法，依然能强烈地想要成长并坚持付诸行动，最终收获美妙的结果，想必这样的人也是极少数。另外，这些人应该也很少考虑到一点，即"持有这样一种意识和持续付诸行动，人一定能够成长"。

因为这种情况是"就结果而言成功了"，他们并没有从"着手准备并付诸行动"的角度来看待成功。

当然，从课长晋升到部长，再升为事业部长，接着升到海外工厂长，然后成为董事，这种精英式晋升路线也是存在的。通过这种晋升路线的人会比公司内的其他人更富才能，机会也会更多，他们一定是在不断成长的。

然而，就算有人能够认真且明确地制定"成长"和"持续成长"的目标，再经过岗位轮换不断地成长，其实这类人的数量也十分有限。另外，他们在进入如此顺利的岗位轮换前，或者在结束后，究竟保持着怎样的成长速度呢？其实很难断定。

更重要的是，在大企业中没能走上这种超级精英路线的人，是成功走上精英路线的人的数十倍乃至数百倍。这类人或多或少总有些人生输家的感觉，或者说至少也会认为自己不是赢家。有些人会放弃为成长而努力，或者选择得过且过，这样的情况也十分常见。

这是非常可惜的事。

无论是谁，只要不放弃，定下明确的目标，再积累一定程度的努力就能够获得极大的成长。我想让所有人明白这一点并付诸实践。

赤羽雄二

第一章　妨碍成长的心理屏障

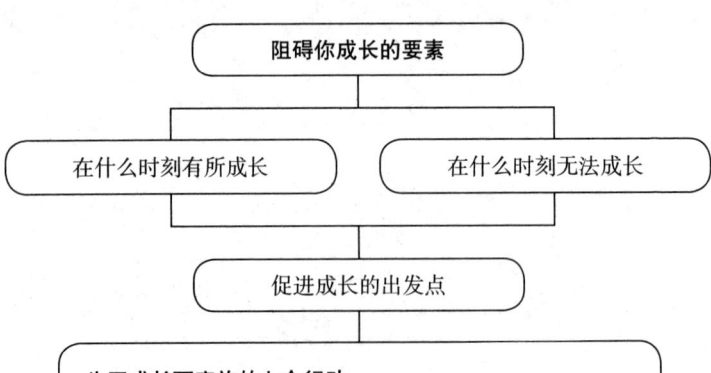

```
┌─────────────────────┐
│   阻碍你成长的要素    │
└──────────┬──────────┘
     ┌─────┴─────┐
┌────┴────┐ ┌────┴────┐
│在什么时刻│ │在什么时刻│
│有所成长 │ │无法成长 │
└────┬────┘ └────┬────┘
     └─────┬─────┘
    ┌──────┴──────┐
    │促进成长的出发点│
    └──────┬──────┘
```

为了成长而实施的七个行动

1. 果断降低难度
2. 坚持不痛苦的努力、能令人感到快乐的努力
3. 设法建立自信
4. 创造出良性循环
5. 养成乐观的思维方式
6. 努力维持状态
7. 借助他人的力量，与同伴一起成长

"反正我也做不到"

"妨碍成长的心理障碍"究竟是什么呢？虽然有很多，但最大的障碍是觉得"我不行""反正我也办不到"，然后就此放弃努力。

我感觉有不少人通过贬低自己、断言"不可能办到"，不抱过多的希望。"我已经50岁了"，这也是我常听见的说辞。我非常想回问一句"50岁又怎么了？"不过他们在这时候有个共同的特点——总会露出自暴自弃且有些落寞的表情。

也许他们抱着希望发起了挑战，却被人打击，或遭到暗算，以至于产生了"今后还是别再品尝这种滋味了"的想法。虽然这种情况非常有可能发生，但如果真是这样的话就太悲伤了。想必上司、父母、老师或者周围人也未必是出于恶意才浇灭他们的希望。

另外一种可能的情况是，尽管他们尝试发起了挑战，却发现难度大得超乎意料，因而打起了退堂鼓。

可是，一旦想到"本以为能够做到，结果实在没希望办到""既然这么困难，那试了也没用"，就不再会努力拼搏了。

不管怎么说，没有全身心地投入、拼尽全力挑战就选择放弃是件非常可惜的事。

"曾经失败过"

我认为，以"一次都没成功过""之前也失败过"为由，从一开始就放弃成长的人也非常多。

我非常理解他们想说这种话的心情。

然而，问题在于他们并非做好了恰当的准备才发起挑战的，**而是从一开始就认为自己不行，连准备都没做**。另外，都没做好准备就发起挑战，没过多久便碰壁的人也不在少数。

可以说这些人的情况属于"从一开始就放弃了"。

应该还有很多人会说，"话是没错，可就是做不到才苦恼"，不过我希望至少不要在拼尽全力之前就放弃。

"没有人支持我"

有些人一旦发现事情的进展不顺利,就会觉得"没有人会支持我""没有人会认可我"。渐渐地,就会把周围的人当成敌人,或者认为这些人会阻碍自己,心中就会充满怨恨。

可是,事实真的是这样吗?

确实会存在恶劣的上司和怀有恶意的同事,不过并非所有人都是这样。

只要我们主动改变待人的方式和态度,变成对他们来说有意义的存在,对方的态度也会发生改变。大多数情况下,周围的人至少不会经常来妨碍你。

另外,周围愿意支持我们的人比恶劣的上司和怀有恶意的同事要多好几倍。他们会尽可能地帮助我们。他们期盼着同伴能够有所成功和成长。可是,如果我们并不认为他们会帮助我们,对方也很难伸出援手。

事实上,对方应该问过我们是否需要帮助。然而,正因为我们无视了对方发出的各种信号,还摆出一副"反正你也不会理解,不要过度干涉"的态度,所以对方才会认为提出帮忙也是徒劳,还影响心情。就这样,与我们拉开了一定的距离。

我们绝对不能认为"没有人会支持我""没有人会认可我",

事实上随着心态、态度、相处方式的不同，在多数情况下许多事都能够取得成功。

"马上会受到阻碍"

想必还有不少人觉得"无论我做什么，马上就会有人来阻碍我"。可是，事实真的是这样吗？

会妨碍你的同事确实会存在。因为他们坚信，跟竞争对手全力对决的话，不这样的话就会输。

我们来想象一下这种情况。你和另一个人竞争一个职位，获得认可的一方就能升职，另一方则只能望其项背。在这种情况下，心胸狭窄且狡猾的人就会设法超越对手。为了阻止你获得成果，他的确会对你做出欺骗、暗算之类的举动。

然而，上司是能够发现究竟是谁在阻碍别人的。看见你即便被对手阻碍，但却依然能不屈不挠地坚持努力，想必上司更愿意为你加油吧。

如果上司掌握了情况，能够阻止两个人之间的恶性竞争就再好不过了。但是，如果上司不具备相应的气魄和技巧的话，就没办法制止争斗，只能不知所措。事实上，这种情况时有发生。

话虽如此，一个人并不是拼命努力争取，而是通过阻挠竞争对手来获得成功，是非常奇怪的。

请试想下奥运会的百米赛跑。一个选手不是通过刻苦训练和努力来提升速度，而是在对手的跑鞋上做手脚、在跑道上泼油，毫无疑问，这是消极且卑鄙的行为。

然而，这种卑劣手段在绝大多数情况下是会暴露的。坚信这一点并不气馁地坚持下去才是更重要的。

第二章
在什么时刻有所成长

```
┌─────────────────────┐
│   阻碍你成长的要素   │
└─────────────────────┘
      │         │
┌─────────────┐   ┌─────────────┐
│在什么时刻有所成长│   │在什么时刻无法成长│
└─────────────┘   └─────────────┘
           │
    ┌─────────────┐
    │ 促进成长的出发点 │
    └─────────────┘
```

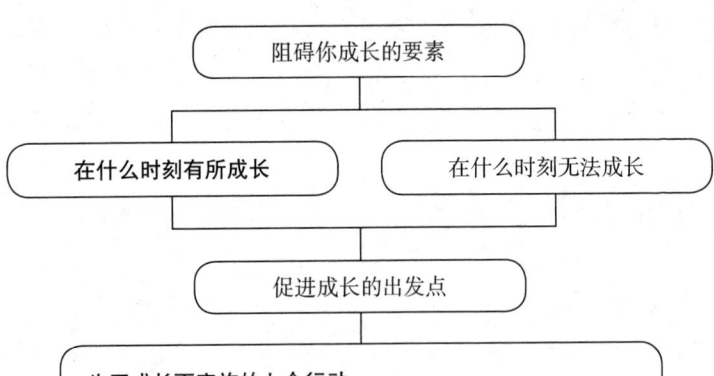

为了成长而实施的七个行动

1. 果断降低难度
2. 坚持不痛苦的努力、能令人感到快乐的努力
3. 设法建立自信
4. 创造出良性循环
5. 养成乐观的思维方式
6. 努力维持状态
7. 借助他人的力量，与同伴一起成长

不知不觉间能做到了

最能让人感觉到有所成长的瞬间，就是"在不知不觉间发现自己能够做到之前无法完成的事"。

有的人在会议上一旦被要求发言，大脑就会变得一片空白，什么都说不出来。然而，在不知不觉间能够解释清楚自己的方案，还能获得上司的认可，获得更多的进步，我认为这种情况是存在的。

无论提交过多少份策划方案和报告，总是被上司改得满篇都是红色，然而在不知不觉间，只需要修改两三处就能通过了，这种情况也是很常见的。

做到一半就开始感到厌恶，就连上司看起来也变得很可憎，有时还会暗自咒骂："谁要在这种破公司工作。"等成功之后再回顾，却发现自己实际上已经有了很大的成长，这种情况也很常见。

想必在网球运动中也存在这类人，他们原本不擅长截击[①]，然而不经意间，不仅能够打出像模像样的截击了，还能稳定地击出自己想要的球路，等注意到的时候，这已成为足以决定比赛胜负的技能。

相同的情况应该也存在于高尔夫、滑雪、马拉松、料理、吉他和钢琴之中。

这些例子表明，只要我们全身心地投入，经常会在不知不觉间"攻克难关"。

我也有过这样的经历。

我在进入的第一家公司（小松制作所）的时候，完全没有在众人面前发表讲话的机会。但是，我刚加入麦肯锡时，便要立刻负责做演讲的工作。

起初并不顺利，但即便不熟练，我也依然坚持做演讲，不知不觉间我发现自己已经能够熟练地进行演讲了。我并没有刻意练习过，但是读了大量报告类的文章。

并且，我在麦肯锡工作的时候，在每个月例行的面向客户的报告会前，我都要制作一份70～100页的报告。为此，我在

[①] 网球中的一种接球方式。就是指在对方的行动还没成熟的时候扼杀对方的行为。——编者注

很长的一段时间里痛苦不已。我寻找了很多关于文章的写法和制作表格等方面的范本，却始终找不到感觉。

怎样写才能增加说服力，怎样制作图表才能让方案的说明看起来更加简明易懂，在最初的几年里我在这些方面下了很大的力气。制作好的报告被前辈和编辑改得面目全非，我的确也有过不甘，然而经历了很多次后，慢慢地就没那么痛苦了。

另外，虽然我有留学经历，但是在进入麦肯锡工作之后，我依然不擅长用英语交流。然而，首尔的项目开始后，我便不能再抱着"我不擅长""能躲就躲"这样的想法了。

没过多久，我就能用英语进行正常的交流了。

其实对我而言，最难的是写书。我从小就非常不擅长写作文，在所有的暑假作业里，我也最讨厌作文。我离开麦肯锡之后也完全没使用过博客。

我从答应写《零秒思考》到写完初稿为止，总共用了一年十个月，到出版甚至用了两年两个月。完成原稿之所以耗费了长达一年十个月的时间，主要是因为工作太忙，迟迟无法动笔，即便我想着"今天写稿子吧"，也会因明天是其他的工作的截止日期而腾不出手来，然后第二天也一样……长此以往，便造就了这样的结果。

我写了很久仍然很慢，在选词酌句上耗费大量时间。因此我写得非常辛苦，不过逐渐地就不觉得痛苦了。

幸运的是我出版的第一本书获得了一些读者的认可，之后便有不少出版社联系我，我就这样一本一本地写下去，目前这本书已经是我写过的第 14 本书了。

一直以为做不到的事，总算成功了

我认为，很多人会遇到"先前一直以为做不到的事，总算能够成功做到了"的情况。像大学入学考试、英语考试、房屋建筑资格之类的考试就是典型。

只要是考试，就会让人感到不安。只有一小部分人能够充满自信地参加考试，而大多数人会想着"真讨厌，考试能早点结束就好了"，变得想要逃避，在考试的日子来临前一直不情愿地学习，最终收获一个喜忧参半的结果。

一个人如果比其他人更能保持平常心，再调整好状态，持之以恒地学下去，那么自然会获得理想的结果。

还有些从事销售工作的人在争取客户时，想着"前辈也在，我实在没希望"，从一开始就放弃了。然而不知为何，他们找准重心并接连获取了成果，最后还取得了销售第一的好成绩，这种情况也时有发生。

从我自身的经验来看，我在进入麦肯锡工作三年四个月左右时，被分派到了首尔的项目。在刚刚参加项目的三个月里我就碰到了这样的情况：语言不通，连吃饭都是一件难事。更困难的是我要管理数十名员工，这种情况在麦肯锡总部都极其罕见。然而在接下来的十年里，我一直在首尔为客户提供服务，这是我之前完全没有想过的事。

挑战困难，获得成功

我认为"成功完成了困难的挑战"也包含在成功的体验之中。这指的是坚信"只要努力就能够做到"，然后有目的地努力，顺利获得成果。

倘若能如此顺利实现就太幸福了。毕竟这样能够自己掌控自己的人生，并且获得理想中的成果。

如果能够有一次这样的经历就十分幸福了。因为一个人一旦有过一次这样的成功体验，便会想着"再来一次""努力做得更好"，如此一来就能站在比别人更有利的位置上为下一次挑战做准备。

这正是创造出良性循环，不断获得好的结果，最终得以成长的例子。

但是，如果以近乎于侥幸的方式获得了一次成功便沾沾自喜，从而过度相信自身能力，那就再也无法获得成功。这也可以看成是"来自成功的报复"。但只要一直成长就能避免这种情况的发生，因此我们要一直持有不断探求的精神。

就我个人的经验来说，大学入学考试就是这种情况。由于我上高中时成绩很好，模拟考试的结果也不错。起初我以为不用复读就能考上大学，然而我查询录取通知单时大吃了一惊，合格者名单中并没有我的名字。

随后的一年里，我在复读学校中拼命学习，每个学期都获得更好的名次，最终只复读一年就考上了理想的大学。虽然就结果来说还算不错，但我的傲慢和大意却导致我不得不复读一年才考上大学。

第三章 在什么时刻无法成长

```
            ┌─────────────────┐
            │ 阻碍你成长的要素 │
            └────────┬────────┘
        ┌────────────┴────────────┐
┌───────┴────────┐        ┌───────┴────────┐
│ 在什么时刻有所成长 │        │ **在什么时刻无法成长** │
└───────┬────────┘        └───────┬────────┘
        └────────────┬────────────┘
            ┌────────┴────────┐
            │  促进成长的出发点 │
            └─────────────────┘
```

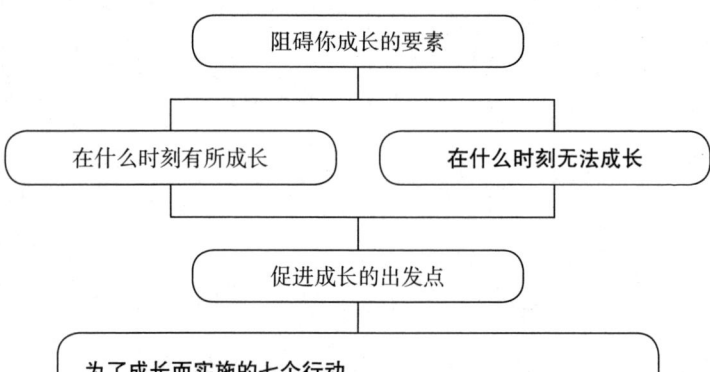

为了成长而实施的七个行动

1. 果断降低难度
2. 坚持不痛苦的努力、能令人感到快乐的努力
3. 设法建立自信
4. 创造出良性循环
5. 养成乐观的思维方式
6. 努力维持状态
7. 借助他人的力量，与同伴一起成长

挑战新事物还是以失败告终

一个人如果不挑战新事物，那么就很难成长。倘若日复一日做着相同的事，必定会失去刺激。如果只需要发挥80%的实力就能够完成所有工作，那么就会逐渐在恶性循环中越陷越深。

例如，一个人从事的是整理大量单据并分析结果的工作，上一任员工也是完全依据手动完成这项工作，而且上司也只有相同的经验。由于是人工作业，即使中途出错也无法察觉，并且就算察觉了，也只能重新制作，这样的工作方法十分费时费力。

即使听说"表格计算软件'Excel'用起来非常方便"，然而周围却没有人能够熟练使用。自己稍微尝试了一下，到头来却还是不会用。大家是否有类似的经历呢？

只要在网上查一下，就能找出数千篇有关Excel使用方法的文章。浏览十分钟，就能收集到针对解决不同需求，以及能够提升自身技能等级的文章。

顺便说下，只要在搜索引擎中输入"Excel使用方法"，就能搜索出大约67万条结果。即便从中减去大量重复文章，也能找出有所需要的信息。

从我自身的情况来看，总想着"一定要掌握Excel的宏指令"，但至今仍未精通。另外，数据库和统计软件的情况也是如此。

原本，我进入麦肯锡工作时就该熟练掌握这些技能，但我进入公司没多久就有了团队伙伴，能够让他们来负责这些事是导致我偷懒的最大原因。他们非常优秀且运用得十分熟练，我经常会拜托他们。

凡事都应该自己先去尝试，然后再拜托别人，否则的话，会越来越无法挑战新的事物。

缺乏自信，无法坚持到底

因缺乏自信而无法坚持到底的情况也很多。无论是谁，都会遇到很多没有自信能够做好的事。

但是，一旦缺乏自信，原本能做好的事都会无法做好，并且会在只差一步就完成的时候犹豫不前，这样也会导致失败。

由于他们不知道"只要再挖几米就能离开漆黑的隧道，到达光明的外界"，便只能在黑暗中摸索。

在这时候，假如没有"肯定能坚持到底的自信"，说得再极端点，假如没有"毫无根据的自信"很难将一件事做到最后。

然而，如果是"毫无根据的自信"，那就变成单纯的逞强了。我指的自信是"虽然说不上来为什么，但是我应该能克服困难吧。前面都办到了，接下来肯定也没问题。如果有不清楚的问题，和别人商量下应该就明白了"。

我在刚加入麦肯锡的时候，我很想参加其他分部的项目，尤其是欧美分部的项目，然而由于我缺乏自信，根本不敢提出来。其实只要我提出要求，还是很有可能实现的。

在周围人也不擅长说英语的环境中，我使用不顺畅的英语根本不可能取得很大的成果。但其实也有很多人能够顺利进入欧美分部工作，因此我认为这只在于你是否具备自信心。

如今再回想起来，我应该自己主动提出去欧美分部工作。我至今仍有些畏惧麦肯锡的海外分部，想必就是这个原因。

这类经历会让人感到无限后悔。

输给"不擅长"

任谁都会有不擅长的事物。按理说，有些人就算能做到不擅长的事也不足为奇，然而下意识觉得自己做不到，无法发挥原本的实力。这样实在是太可惜了。

但是，在完全发挥实力之前，因为下意识觉得自己不擅长，便没有认真对待。如果从一开始就逃避，那成长便无从谈起了。

在很多时候，即便周围人认为"退一百步讲，之前可能做不到，但现在绝对可以做到"，可遗憾的是最关键的当事人却退缩了。

例如，成为向重要客户提供策划方案的项目总负责人，或是使用英语领导国际性团队，或是带领合作伙伴一同旅行，或是指挥开发新技术的项目，等等。

从技能、交流方式、领导能力等方面来看，这个人明显拥有足够的实力，而本人却坚决地推辞了。

这等于是自己主动放弃了十分难得的成长机会。

输给自卑

无论是谁都会感到自卑。但是，如果一个人的自卑感很强，还会给行动、人际关系、沟通带来很大的影响，那么这个人就会逐渐退步，进而无法成长，停滞不前。

不过，我认为这个人只要知道"事实上，基本上所有人都会有自卑的情绪"，就会想着"原来是这样""社长和那个十分傲慢的部长明明都很自卑，却在自己的职位上不断努力"，这样一想或许就会轻松许多。

幼年期的心理阴影，以及缺乏关爱导致的无价值感等因素会极大程度地导致自卑。这些人缺乏自我肯定感，总是会因感觉自己不如别人而饱受精神上的折磨。

他们会过分夸大对方的优点，而在自我审视时却只会注意自身的缺点，这种两极分化的看法，导致他们即使面对能力与自己相当的人，也会感到自卑。

这种做法十分可惜。当然了，估计他们的想法是"我也不想自卑""要是有减轻自卑的方法，我想要立刻尝试"。我从第四章开始会详细地介绍解决办法。

本书的主旨是"只要这样做谁都能获得惊人的成长"，最关键的一点便是要了解"减轻自卑的方法""保持平常心的方法"。

恶性循环接连不断

有些人既算不上特别自信也不畏惧不擅长的事物，并且不算很自卑，可就是无法顺利获得成果。在这种情况下，人无法获得成功体验，也很难获得成长。并不是有人在阻碍他们，只是碰巧一直持续恶性循环，于是造成了这种情况。

例如，在出差时，某些因素导致晚一步采取应对地震的时机和收集信息，结果只能依靠不准确的信息行动。这样一来就来不及安排卡车和人手，解决方案也全部落空。

一旦身陷恶性循环，便无法摆脱了。就算明白自己当前的处境，也只能等待它结束。

我在进入麦肯锡工作后的一年半的时间，每个月都要为客户制作一份报告。

待解决的课题总是堆积如山，对客户团队的指示延迟，分析延迟，出结果延迟，制作分析报告的草案延迟，与上司的核对延迟，结果直到要向客户发表演讲的当天凌晨才准备好资料。然而这时办公室里一个人都没有，于是我自己打印好需要的文件数量，并装订成册，在一夜没有休息的状态下直接去客户公司。

我根本没法阻止这种恶性循环。但是，我的抗压能力倒是有所提升,至于是否成长了,我只能说只有痛苦的回忆。不过,这也可以说是"不知不觉间已经习惯了"。

而且,这种恶性循环无法让人学到任何东西。后来我竭力避免出现这种状况。或许正因我为此倾注了大量心血,所以才会有《零秒工作》这本书吧。

第四章

促进成长的出发点

```
            ┌─────────────────────┐
            │   阻碍你成长的要素   │
            └─────────────────────┘
              │                 │
   ┌──────────────────┐  ┌──────────────────┐
   │ 在什么时刻有所成长 │  │ 在什么时刻无法成长 │
   └──────────────────┘  └──────────────────┘
            ┌─────────────────────┐
            │   促进成长的出发点   │
            └─────────────────────┘
```

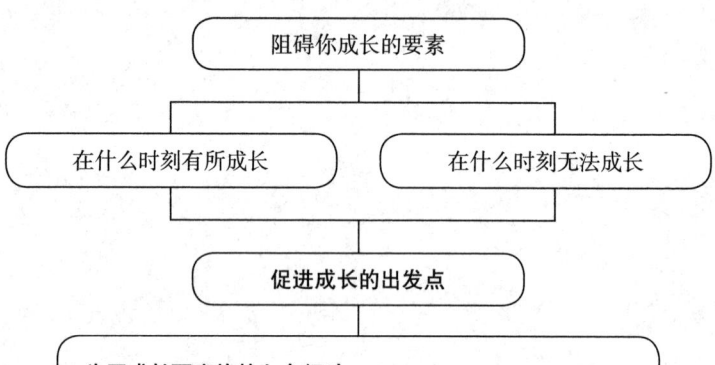

为了成长而实施的七个行动

1. 果断降低难度
2. 坚持不痛苦的努力、能令人感到快乐的努力
3. 设法建立自信
4. 创造出良性循环
5. 养成乐观的思维方式
6. 努力维持状态
7. 借助他人的力量,与同伴一起成长

想要成长，至少要满足七个重要的条件。只要满足这些条件便能开始成长，从这个意义上来说，可以称其为"促进成长的出发点"。

① 拥有想要成长的意愿和目标

第一个促进成长的出发点是"拥有想要成长的意愿和目标"。这虽然已经是老生常谈的话题了，但这是一切的出发点，无论如何都无法脱离这个条件。

很多人之所以成长意愿不强，很多时候是出于"没有自信""非常畏惧不擅长的事物""输给自卑感""恶性循环接连不断"等理由。虽然不存在没有成长意愿的人，但是如果缺乏自信，成长就无从谈起了。

如何克服这些障碍是最关键的。或许这样说会有些自相矛盾，但重要的是**"降低难度"**。

在设定目标时应当参考自己当前的状况和心情，如果设定的目标过高可能会打消积极性。随着自信心不断增强，我们便能试着挑战更高的目标，甚至可以试着挑战对自己而言难度很高的目标。不过，我认为在到达这一步之前，需要"果断地降低目标"。

这样一来，起点就很低了，甚至将其称之为目标都很勉强。不过，在不断积累的过程中，可以逐渐加强成长意愿。

制定很高的目标，遭受挫折的人有很多，但是，制定简单的目标并踏实地执行的人却意外地很少。或许有很多人都认为"如果目标过于简单，那么就算实现也并没有任何好处"。

然而，根据成长的法则来看，无论多么简单的目标，只要连续完成也会不断积累经验。因此，这是非常有必要的。

② 能够为成长付出一定的努力

想要成长，就必须为之付出一定程度的努力。我不认为一个人不付出任何努力就能获得"奇迹"般的成长，也不认为人能够平白无故地成长。这些情况是不存在的。

但是，努力可以分为**"持续的努力"**和**"非持续的努力"**

这两种。综合考虑自己的性格和状况，还要从"怎么做才能努力"的观点出发设法让自己有所成长。

努力这一行为"在成效开始显现之前尤其辛苦"。只要克服了这个难关，就能拿出结果，也会加速成长，因此即便不刻意维持也能坚持下去。

从这点来看，在所有为成长付出的努力之中，"**刚开始的努力尤其关键**"。

汽车在发动时也需要动力，如果是手动挡，需要先从一挡起步，逐渐换挡。努力也是一样，想开始行动，无论如何都不能缺少动力。

③ 建立"我只要努力或许也能成长"的自信

持有"我只要努力或许就能够成长"这样的自信和想法非常重要。只要具备了这一点，就能够开始挑战一件事了。不用想得过于复杂，只要有"毫无根据的自信"就足够了。只要想着"不如试试看"，就完全可以站在成长的出发点了。

恐怕会有很多人反驳道"要是能这么想就不会痛苦了""根本无法顾及这些"，而且有无数人身处比你当前的境遇更加糟糕的环境中,即便如此,他们也在积极地解决问题。是否能够保持积极的心态取决于"本人的想法",而非"境遇"。

因此,即便是毫无根据的自信也无不可。我认为,应该先**从坚信"只要努力或许也能成长"做起并将它说出口**。不断和周围人交谈,说出自己的目标便会愈发地确信自己能够做到,并且我们只要认真地努力,周围的人也会渐渐对我们产生期待。

令人惊奇的是,如果我们有意识地降低目标并不断积累小的成功经验,不知不觉间便会产生"只要努力,我或许也能成长"的想法。例如,我们会想"上一次做到了,这次也做到了。既然平时都能够成功,那么这次肯定也能顺利完成"。

我们内心的构造就是如此。起初我们还认为"这种想法绝对不可能",这时就会想着"试着努力一下吧"。事实上,像这样改变自己的潜意识也是非常有可能的。

④ 学会创造良性循环

促进成长的第四个出发点是"学会创造良性循环"。

依靠自己的力量努力完成一件事并不是不可能,只不过这样会非常辛苦。更明智的做法是思考能有效催生出良性循环的方法,尽可能地创造出有利的大趋势,这样就能让事情的进展变得更加顺利。

虽然所有事情可能并不会像这样顺利地发展，但只要经常这样想，有时候也能够让局势朝着有利的方向发展。

我偶然发现自己在一些方面已经创造出了良性循环，后来便产生了这个想法。

如果一个人从最开始就四处碰壁，那么他的自信心很可能遭受打击。我更倾向于应该创造良性循环这件事上多花费些心思，尽可能地为自己创造出有利条件。

⑤ 不可过度悲观

有些人经常会容易产生很悲观的想法。无论别人说什么，他们听到后立刻会往消极的方面想，他们有时会一个人生闷气，有时只要发生不遂心意的事就会气急败坏地说："我再也不会做这样的事"，这样是非常可惜的。

一个人如果缺乏自信，持有自卑感和受害者心态，对事物的看法就会变得消极。这是因为采取消极的思维方式已经成为了一种习惯。

虽然他们深知"这样做不好，可就是无法控制"，但真的是这样吗？恐怕只是以"只有消极地看待问题，才不会失望""对别人没有期待,那么就不会失望"为借口,选择了逃避而已。

他们或许认为"我只要表现出悲观的态度,周围的人便会想出各种办法安慰我,或者帮我解决问题,虽然心里觉得这样做似乎不太好,但还是会这样做"。

一言以蔽之,这种人就是"烦人鬼"或"博取同情的人"。这样的人会招致周围人的反感,而自己却毫无察觉。

另一方面,也有的人对待所有事物都会保持积极乐观的态度。消极的人或许会问:"真的存在这样的人吗?"他们会产生"为什么他/她能如此乐观呢?""是因为他们没有认清问题的严重程度吗?"这样的疑问,但真实情况可能并不是这样的。

任何事物都存在两面性,即便是同一件事物,既能从积极的角度去看待,也能从消极的角度去看待,而乐观的人只是经常用乐观的眼光看待事物而已。

乐观的人认为"这样能让事物看上去更有希望,自己的心态也能变得更加积极,事情更容易朝向好的方向发展"。他们首先会从积极的角度看待事物,如果出现难题,会积极地解决它并试着取得好结果,仅此而已。

当然,这种乐观并不是混淆极其严峻的环境和困难的状况,只传播对自己有利的信息并表现得很乐观,也不是敷衍地应对。或许正因为他们认为"在正确认识事实的基础上,再采取积极的态度去看待,会更利于解决问题,推进起来也更容易",所以才能保持乐观的态度吧。

总体来说，应该采取乐观的态度还是悲观的态度，并不是由环境和状况的严峻程度决定的，**而是由当事人决定的**。也就是说，"我们不要过于悲观。这样更利于解决问题，也更利于成长"。

能够用乐观的眼光看待事物的人，不仅能多次真实体会到"保持乐观更容易获得好的结果"，而且会把乐观当成一种姿态。即便强迫自己也要表现出乐观的态度，渐渐地，他们做起事来也会更加得心应手。

我希望大家能抛弃"我不需要别人来告诉我究竟应该采取悲观的态度还是乐观的态度"这样的想法。乐观的态度才是解决问题时应有的态度，这样明显更容易获得周围人的帮助，这也与个人的成长息息相关。

⑥ 能够将身体状态保持在一定水平

保持身体状态对成长非常重要。其原因在于，这会从身体层面和精神层面直接产生影响。

身体层面的影响自不用说。假如头和肚子会经常疼痛难忍，并且早上起床很难受，晚上很难入睡，那么就无法专注于工作和自己的成长了。

如果生病了，就必须努力治疗。近年来，针对头疼、腰疼、花粉症等病症的新式疗法也接连出现，还有人向我介绍名声不错的专科医生。虽然治疗疾病会花费很多钱，但是我对此十分重视。这样做能够提高的生产率会超出几倍，与之相比花费的金钱根本不值一提。

就连被称为"绝症"的癌症，只要能在早期时被发现，甚至也有可能完全治愈。基因检测技术也在不断进步。据说在不久的将来，80%的疾病都能被预防，不会发病。

我认为在当今这个时代，真正想成长的人应当花费一定的时间用来收集信息，选择对自己而言最妥善的体检、预防措施，以及治疗措施。这已成为一种常识，就好比成长意愿高的人必须拥有笔记本电脑和智能手机，还要熟练地使用互联网一样。

即便没有生病，但身体状态不佳，也很可能影响积极的想法和继续努力的心情。

就目前来说，健康的身体对我非常有帮助。只要我睡眠不足，干劲必定会下降，想要"继续成长""继续努力，拿出成果"的热情便会减弱，因此我总是时刻注意保持充足的睡眠。比如说，无论工作多么忙，我都决不会通宵完成。哪怕只是一两个小时，我也会稍作休息后再继续完成工作。

想必大家也在保持身体状态方面付出了努力，但在这方面花费更多的金钱和时间，就会逐渐地凸显这样做的价值。

⑦ 找到同伴一起努力

凡事都亲力亲为是非常困难的。想必也有很多人认为"这和别人并无关系，全看自己是否努力"。但事实真的是这样吗？

找到同伴，持有相同的目标并一起并肩奋斗，远比一个人努力更轻松，也更容易成长。人类是社交性动物，因此同伴必不可少。家人和朋友能赋予我们力量。

如果有人坚称"我自己的事与别人完全无关"，那我会认为他"或许是在故意逞能"。不勉强逞能，只要自己掌握一定的方法，就一定能找到同伴。我每年都会举办50～60场演讲和主题研讨会，只要来参加其中一种活动，立刻就能找到持有"想要成长"这一共同目标的同伴。其实，获得同伴并不是一件难事。

想了解"怎么做才能进一步成长"等问题的人，可以发邮件与我探讨（akaba@b-t-partners.com）。我会在第一时间回复。

就算是同伴，也没必要一直要和自己有相同的目标。即便同伴只有"想做到自己做不到的事"这种程度的目标也足够了。只要知道有人在和自己一同奋斗，这样就能找到成长的动力，也能成为你心灵的支柱。

第五章

成长的七个行动

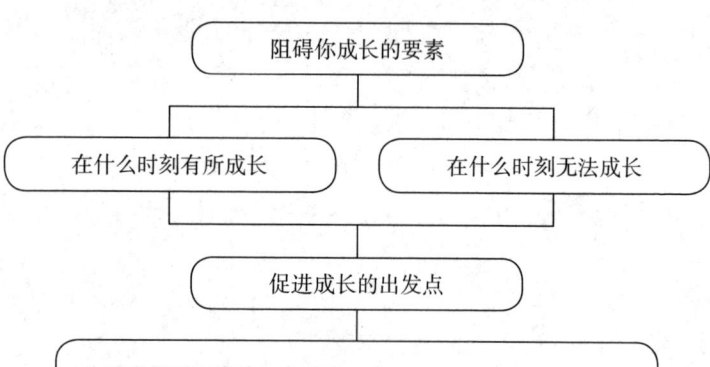

```
        ┌─────────────────┐
        │  阻碍你成长的要素  │
        └─────────────────┘
         │               │
┌─────────────────┐ ┌─────────────────┐
│  在什么时刻有所成长  │ │  在什么时刻无法成长  │
└─────────────────┘ └─────────────────┘
         │               │
        ┌─────────────────┐
        │  促进成长的出发点  │
        └─────────────────┘
```

为了成长而实施的七个行动

1. 果断降低难度
2. 坚持不痛苦的努力、能令人感到快乐的努力
3. 设法建立自信
4. 创造出良性循环
5. 养成乐观的思维方式
6. 努力维持状态
7. 借助他人的力量，与同伴一起成长

上一章列举了"促进成长的出发点",接下来我们还需要采取七个行动。

1. 果断降低难度。
2. 坚持不痛苦的努力、能令人感到快乐的努力。
3. 设法建立自信。
4. 创造良性循环。
5. 培养乐观的思维方式。
6. 用特别的办法保持状态。
7. 借助他人的力量,与同伴一起成长。

第一点,设定合适的目标,再制定行动计划。这是任何人都会想到的行动,不过关键在于"**制定简单的目标,即便中途搁置也要坚持完成**"。

第二点,只是"努力"还不够,重点在于要"持续努力"。关键在于我们需要的不是"辛苦的努力"和"痛苦的努力",而是"能让人感到快乐的努力"。

第三点,"自信"是为了能够凭借自身的力量加强看起来无法控制的事物的新的想法。接下来,我会提出多种不同的思考方式。

第四点,并不是指"从结果来说进入了良性循环",而是我们需要"**主动创造良性循环,并让良性循环持续下去**"。事实上,这是能够做到的。

第五点,或许有人会觉得这是"理所当然"的。但是,或许也有很多人觉得"就是办不到才会痛苦"。事实上"**是否能够采取积极的态度全都依靠个人的想法**",悲观的人也能够掌握采取积极态度的方法。

第六点,运动等方法自不用说,但并没有人重视运动之外的方法。然而,想获得成长的话,**保持良好的状态非常重要**。并且,还有一些特别的办法可以用于调整状态。

第七点,有很多人都会忽视这一点。或许很多人都认为"成长是自己的事,不能过多地依赖他人"。而我的看法刚好相反。我的观点是"**不断借助他人的力量,一起成长**,这样对大家都有好处"。接下来,我会详细地介绍如何才能做到这一点。

或许有人会有这样的疑问"想成长的话,这七个行动缺一不可吗?还是说只要实施其中一部分就足够了呢?",而我的回答是"缺一不可"。我认为,只要实施了这七个行动,任何人都能够切实地有所成长。

那么,我们来分别看一下每一个行动。

行动

1

果断降低难度

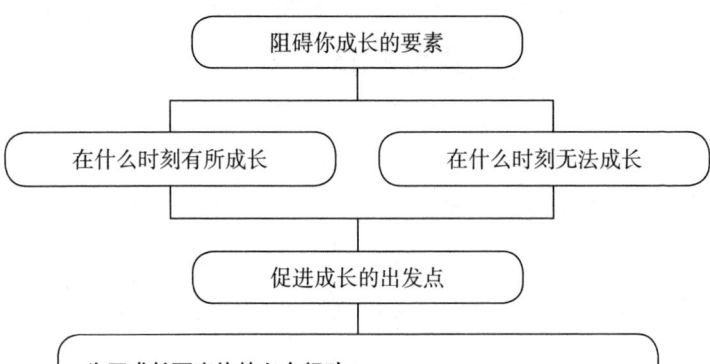

```
                    ┌─────────────────────┐
                    │   阻碍你成长的要素    │
                    └──────────┬──────────┘
              ┌────────────────┴────────────────┐
    ┌─────────┴─────────┐             ┌─────────┴─────────┐
    │  在什么时刻有所成长 │             │ 在什么时刻无法成长 │
    └─────────┬─────────┘             └─────────┬─────────┘
              └────────────────┬────────────────┘
                    ┌──────────┴──────────┐
                    │   促进成长的出发点   │
                    └──────────┬──────────┘
```

┌───┐
│ **为了成长而实施的七个行动**   │
│   │
│ **1. 果断降低难度**   │
│ 2. 坚持不痛苦的努力、能令人感到快乐的努力   │
│ 3. 设法建立自信   │
│ 4. 创造出良性循环   │
│ 5. 养成乐观的思维方式   │
│ 6. 努力维持状态   │
│ 7. 借助他人的力量，与同伴一起成长   │
└───┘

为何制定了目标依然无法执行

如果能做到"只要定好了目标,基本都能执行""只要下定了决心,没有遇到非常严重的困难就一定会完成"固然很好,但能够做到这一点的人其实少之又少。

或许很多人认为"如果能做到这一点就不会觉得痛苦了,也不会再有烦恼"。

为此我想探讨一下"制定了目标却依然无法执行"这种情况。

我认为至少有以下4个理由。

1. 大多数人缺乏自信。
2. 大多数人没有信心能够完成制定的目标。
3. 大多数人无法抵挡会阻碍目标实施的诱惑。
4. 大多数人不知应该如何克服中途出现的障碍。

① 大多数人缺乏自信

似乎大部分人都缺乏自信。我通过担任咨询师，举办演讲和专题研讨会等经历，获得了很多与人交谈的机会，不过只有少数人能够充满自信地处理工作，以及完成目标。

很多人会认为拥有令人羡慕的学历并能够出色完成工作的人一定充满自信。他们看上去也确实如此，然而我在和他们沟通时，却发现并不是如此。很多时候，他们会暗自和同事或同伴做比较，或者跟学校的前辈和后辈做比较，而比较后的结果就是认为"我没什么了不起的"。

大多数人这种"我并没有什么了不起"的心理似乎更加强烈。例如，有些人即便比外国人拥有更好的学历，在知名公司就职，身处的环境也十分优越，依然会感到自卑。正是因为这个原因才会导致他们在初中和高中花费了上千小时学习英语，却无法用英语交流。

为何日本人会普遍存在这种心理呢？

在某些场合，谦逊的确是种美德，但过度谦逊且缺乏自信的现象如此普遍就是大问题了。根据我与诸多国家的人接触的经验来看，在他们眼中，日本人格外的谦虚且不自信。这并不能称之为美德。

这是一个十分严峻的问题，因此我一直在思考个中缘由，我认为原因可能有以下几点。这也是我自己的真实感受。

有个情况在日本似乎很普遍，那就是无论是在家、在学校还是在公司，大家都很少夸赞别人，总是在指出别人的缺点，不停地说："不行，不行。"这导致很多人自我评价和自我肯定感较低（或许还在持续增多）。这是我的假说。

大家为了考上初中、高中和大学参加考试；为了就职、结婚与人竞争，在这种情况下，赢家有赢家的压力，输家也有输家的压力。就连在一流企业工作的人也有诸多压力，如企业的业绩一路下滑的话，公司便会开始裁员，整个社会充斥着沉闷的气氛。

至少在我看来，在日本经济高度成长期的那样明快的气氛，如今恐怕已消失不见了。人均GDP一直在下降也正是其象征。

我在对日本的一些企业进行意识改革和行动改革时，首先会彻底推行"积极反馈"，我之所以这么做，是出于以下理由。

积极反馈，指的是上司用积极的态度向下属实施反馈。如果下属取得了重大成果，想必大多数上司都能轻松地称赞下属吧，然而关键点在于"再小的成果也要称赞，而且要当场称赞"。

哪怕结果并不尽如人意，也要从努力等方面称赞下属。假如在完成的过程中并没有出现重大失误，就安慰下属："你努力了。只要保持下去，肯定能获得成功。"另外，在结果不好的情况下，就告诉下属改进的方法并鼓励他："虽然这次没成功，但是下次像我说的这样做的话肯定会成功。"

如果所有的上司都能这样对待下属的话，即便是像"我没什么了不起的"心理很强的日本人，也能逐渐建立自信，进而不断拿出成果。

养成不断肯定自我的思维习惯，正是意识和行动改革的第一步。

② 大多数人没有信心能够完成制定的目标

我对第二条的"没有信心能够完成目标"这一点感触颇深。"宣告并完成目标"这一行为，似乎与敌视出风头行为的日本大环境并不契合。

在我的记忆中，似乎从小学开始就几乎没有人对我说过"既然定下了目标就要完成"，并且我也没有足够的自信能够完成目标。或许"目标"的分量原本没那么沉重。

我在为大企业提供服务时，也几乎没遇到过"对完成目标有足够自信"的人。强行给他们制定一个目标，他们通常会一边想着"这目标真的能实现吗"一边努力去完成。这样的情况十分普遍。

连工作都是这种状态，想必他们对于自身是否能够有所成长也是持半信半疑的态度。

③ 大多数人无法抵挡会阻碍目标实施的诱惑

"无法抵挡会阻碍目标实施的诱惑"这样的情况也非常多。

例如，定下了"体重增加过多，在一个月之内减掉两公斤以上"的目标。最开始的3天或许还能够坚持，中途有一整天都要参加会议，连吃午饭的时间都没有。在晚上吃了炸猪排饭，半夜又以"没吃午饭"为由吃了拉面，接着想到"这种时候应该吃一些点心"又吃了铜锣烧。其实在我身上会经常发生这样的事情。

我从几年前开始便制定了"每周写一次博客"的目标。然而我有时需要处理第二天就要到截止日期的工作，等到终于准备开始写博客时，已经是凌晨两点了。这时我非常困，便想着"明天再说吧"，就去睡觉。这种情况一直在持续。

④ 大多数人不知应该如何克服中途出现的障碍

"不知应该如何克服中途出现的障碍"这样的情况也很常见。

例如，即便定下了"在三十岁之前出国留学"这样的目标，却无法在托福考试中取得需要的分数。明明一直在努力学习，分数反而下降了，想必这种情况也时有发生。

还有一种情况也经常发生：无法考上理想的学校。却又不想降低目标，不知道该怎么做才能争取到机会。学生时代参加的活动成绩又不足以打动校方……

说到底，这也是心态的问题。

为何"难度低一点的目标"会更好

制定目标后却中途失败的**最主要的原因是"目标难度过高"**。我觉得有很多人踌躇满志地想着"如果难度不高，就不能称之为目标"，或者觉得"目标不高的话羞于启齿"，不考虑自己的实力和迄今为止取得的成果就盲目地制定难度较高的目标。

当然，"一旦定下了目标，就绝对要完成""无论发生什么都要完成"，有这种想法并付诸行动的人确实存在，不过能够切实完成目标的人恐怕只是极少数。

至少我无法做到，而且中途非常容易感到疲倦。事实上，如果能够以如此强大的意志去完成一件事，甚至会让人感觉匪夷所思。这样的人拥有钢铁般的意志，做任何事都能坚持完成，他们恐怕不需要阅读这本书吧。

最好制定一些简单的目标来作为成长的开端。人总是在制定目标时很容易被激发干劲，从而制定一些难以完成的目标。制定简单的目标更好的理由有以下几点。

- 简单的目标更容易实现。
- 简单的目标能更早实现。
- 只要实现了目标，便不怎么在意目标的难度了。
- 只要达成了目标，心情就能变得愉悦，无论个人还是团队都能更加努力。
- 简单的目标能更早获得结果，因此还可以继续制定难度稍高一些的"简单目标"。

首先，如果目标比较简单，必定更容易实现。在保持身体健康方面，比起"每天跑五公里"，想必还是"每天跑五百米"这样的目标更容易实现吧。由于这样难度更低，我们便会想"那就加油吧"，如此一来也能拿出干劲。

而且，简单的目标也能更早实现。比起"在暑假期间阅读二十本书"，"在暑假期间读五本书"这样的目标明显能更早完成。

另外，完成了定下的目标，只会给我们留下"成功了"这样的感情，以及完成目标的事实和成功体验，而不是"这个目标究竟是难还是简单"。毕竟在成功后，我们几乎不会冷静地回想"其实那时候定下的目标很简单啊"。

只要制定并完成了简单的目标，无论是怎样的目标，都能让人感到心情愉悦。这样一来，个人和团队都能拿出干劲，然后就会想着"要再接再厉"。即便是非常奇怪、想法非常消极的人也必定会有这样的情绪。

最后一点，由于制定简单的目标能更早获得结果，接下来，我们自然会制定一个有一些难度的"简单目标"。如果是个人，就可以自行制定目标；如果是团队则经常会有某些人说一些消极的话，团队成员对于制定目标这件事存在抵触情绪这样的情况发生。在这种时候就需要制定"较为简单"的目标，只要向着实现目标的方向前进，作为一名领导带领团队的容易程度会截然不同。

即便中途暂停也要坚持完成目标

还有一点也很重要，那就是只要制定了行动计划，即便中途暂停也要坚持完成。就算多次中断，只要再次开始并坚持完成就算不上失败，就能够一步一步地、踏实地向目标前进。

如果想着"已经停下了，就算再开始也没有意义了"，日复一日地休息下去的话，时间会过得非常快。这样一来，或许就不知道应该如何继续努力了。

如果不坚持完成目标就等于"失败"，然而只要每次暂停过后重新开始就不算"失败"。

我们不该想着"已经停下了，就算再开始也没有意义了"，应该想着"坚持完成目标就可以了"，即便中途停止，也能够继续努力完成目标。

行动

2

坚持不痛苦的努力，
能令人感到快乐的努力

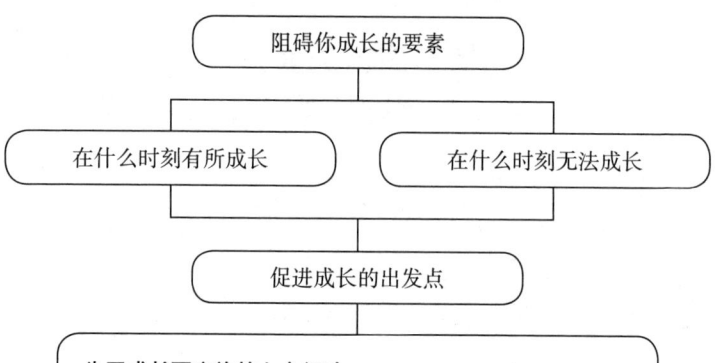

```
                    ┌─────────────────┐
                    │ 阻碍你成长的要素 │
                    └─────────────────┘
                    ┌────────┴────────┐
        ┌───────────────────┐   ┌───────────────────┐
        │ 在什么时刻有所成长 │   │ 在什么时刻无法成长 │
        └───────────────────┘   └───────────────────┘
                    └────────┬────────┘
                    ┌─────────────────┐
                    │ 促进成长的出发点 │
                    └─────────────────┘
```

为了成长而实施的七个行动

1. 果断降低难度
2. **坚持不痛苦的努力、能令人感到快乐的努力**
3. 设法建立自信
4. 创造出良性循环
5. 养成乐观的思维方式
6. 努力维持状态
7. 借助他人的力量,与同伴一起成长

努力很痛苦吗

努力真的很痛苦吗？"努力"一词给人的印象似乎是痛苦的。想必认为"我不擅长努力"的人更多吧。从"努力"一词的结构来看，它给人的印象或许有点沉重。

不过，努力原本的意思是"为了想做的事、想成为的人而前进一小步"，这样来看，努力似乎并不是十分痛苦的事。

长久以来，我们的祖先想方设法从在森林或草原采摘果实的生活过渡到依靠栽培土豆、小麦、大米等农作物生活；摆脱了从前需要花费数周拼命追捕猎物的状况，将部分动物驯养成了家畜，这些的确是艰辛的努力，但并不算是痛苦的行为。这其中还包含着发现、成长和发展。

至少在当今的日本，几乎没人会"饿死"。想必正在阅读这本书的人，当前的生活也算不上穷困吧。

或许正因如此，在我们有了"想比现在有所成长"的念头时，成长所需的"努力"反倒成了意想不到的障碍。

但是，换个角度来看，思考一下如何用其他的方法来代替努力。因为"努力"一词会给人"加油""就算不知道结果如何也只能这样做"的印象。

如果是"尝试各种不同的方法"，或许会获得相应的结果。这样一来，努力对我们来说就不再是痛苦、沉重的事了。让我们这样想吧，"努力，就是有结果且让人愉快的事"。

我认为，只要别把"努力"想得太沉重，或者不要太在意这个词，就会出现巨大的差距。因为这样一来，就能更轻松地发起挑战并取得成果了。

持续的努力必不可少

话虽如此，想要有所成长，"持续的努力"必不可少。如果没有持续的努力，就不可能在一个月之内减掉两公斤体重，也不可能每天坚持练瑜伽，更不可能坚持写博客。若不是每天坚持跑步，恐怕也不可能跑完马拉松吧。

只要掌握了能实现"持续的努力"的思考方式、价值观和生活习惯，就能不断收获成果。

因此,"只要今天做到了,明天自然也能做到""不要勉强自己,明天也继续坚持"这样的想法会成为我们做好当下的目标。这样一来,我们坚持的天数会从一天变成两天,两天变成三天,然后变成一周,进而变成两周、一个月、三个月。

在每周的读书会上发表感想、每个月参加一次学习会、每周上一堂钢琴课、英语会话课的优惠券等,这些都是支撑持续的努力的机制。

不痛苦的努力就能坚持下去

然后,每当我们的脑海中浮现出"努力"一词时,就会想着"必须坚持下去才行"。

"今天练过瑜伽之后心情特别好。明天也继续吧。"

"今天读过书之后学到了不少东西,很开心,还想再多读一些。"

像这种"不痛苦"的思考方式也是存在的。

最开始的时候,先思考从哪一个阶段开始会相对不痛苦,早点感受到努力喜悦,渐渐地就能进行"不痛苦的努力"了。

我列举了几种对我而言并不痛苦的努力。

- 参加大量的学习会和活动,获得与人相遇和学习的机会。
- 让这些相遇可视化,成为今后活动的启发。
- 开展大量的演讲及专题研讨会,加深其中的关联性和自己的思想。

首先,一定要多参加学习会和活动。只要去了,肯定会遇到优秀的人,人脉也会不断扩大。由于能学到自己并不了解的知识,会有"原来是这么回事""我一直不知道。这下明白了"这样的想法。

我之所以能拥有十分广阔的人脉,是因为我在离开麦肯锡之后参加过无数次的学习会和活动。我并没有获得非常出色的成功,却能够出版14本书,也正是这个原因。

第二点指的是设法将人脉可视化,再进一步强化人脉。在某个地方遇见一个人,之后那个人邀请我参加其他的学习会或活动,然后又遇见了某人……这时,我会用"PowerPoint"仔细记录这样的过程。

浏览制作好的PowerPoint,"现在这个活动开始的契机是什么""是因为对方在第三届、第四届之前邀请我参加了这个活动""怎样举办学习会才更好"等信息一目了然。我会以此为基础,决定参加哪些活动,放弃哪些活动,有效利用时间。

然后是第三点，我一年会举办50～60场演讲及专题研讨会。这也会带来全新的邂逅，而且我为了做好演讲的准备和演讲，的确加深了思想。我与来参加演讲的人们的关系自然能够加深，非但如此，我还能借此机会全方位地扩展人际圈。

至于专题研讨会，我每次都会下很多功夫，因此在最近三年左右的时间里，我的变化尤其明显，这已然成了一种动力。大胆的计划不断诞生，在麦肯锡工作的时候根本无法获得这种经验。

像这样，我通过搭建人脉、举办演讲和专题研讨会直接获得了可持续性的成长。这些对所有人都是犹如特效药一般有效的精神粮食。

想必也有不少人会想"演讲有点……"，不过这绝对不是一件难事，这是非常具有现实性的。我来简单说明一下步骤吧。

1. 阅读大量与自己喜欢的、关心的主题有关的文章。通过关联关键词搜索，尽量阅读一百篇以上感兴趣的文章。找到有趣的文章或博客时，如果还有前几期的文章，我建议大家最好也浏览一遍。如果一个专家或记者能写出有用的文章或者洞察力出色的文章，那他之前几期的文章也一定会非常出色，因此我在遇到这样的作者时，心情会非常激动。

只要花上两个小时,至多三小时左右就可以阅读大量的文章。只不过,从收集信息的生产率,以及将看过的文章打印、积蓄、再利用等方面的便利性考虑,我不太推荐大家使用智能手机和平板电脑。在这种时候台式电脑和大型显示器能发挥出更大的威力。

2. 如果在阅读过程中发现新的关键词,也要及时搜索,寻找相关文章。接下来再阅读50~100篇新文章。如果发现了优秀的文章,就把之前几期的文章也读一遍。

3. 将通过这种方式了解到的关键词全部登记在"搜索快讯"中。搜索快讯能在每天早上指定的时间,将包含指定关键词的文章一个不漏地推送给我们,因此它远比收集新闻类应用有用,而且完全不会出现不相关的文章。

4. 一开始先阅读100~150篇以上的文章,在搜索快讯中登记20~30个关键词,只是坚持阅读每天早上推送的文章,几个月后就能掌握不少知识。如此一来,必定能培养出洞察力和独立的观点。

5. 接下来,再利用掌握的洞察力和独立的观点坚持写博客。

有很多人平时都在随意写博客,不过只要锁定主题,再仔细地收集信息，想必就能写出在该领域内引人瞩目的文章了。

例如，数字医疗领域发生了什么、人工智能和基因治疗领域发生了什么、感情障碍和发育障碍等领域发生了什么，等等。先大量阅读自己感兴趣的文章，然后在此基础上保持每周更新一两篇博客文章。

6. 几个月之后，写出的文章积攒到数十篇的时候，只要获得了一定程度的关注，就会收到参加会议或举办小型演讲的委托。由于目前还有举办学习会热潮，我认为只要钻研感兴趣的领域并不断发表文章，就有很大概率收到举办演讲的委托。

一旦拿出了成果就会开始感到愉快

一旦获得了成果，就会逐渐从付出努力这件事中感受到快乐。

"昨天第一次跑完了一千米，并没有那么难受。非但如此，还很爽快。"

"今天跑完了一千五百米，令我震惊的是并没有感到痛苦。甚至还能欣赏沿途的景色。"

只要像这样了解到自己的能力正在急速上升，就会变得无比开心。

原本我极其不擅长写作文，过去一直想着"可能的话，最好尽量避免写文章"，然而因一次偶然的机会，我出版了《零秒思考》一书，很快便售出了五六万本，再后来我之所以能接连不断地出书，也是因为有相同的经历。

我在上小学二年级的时候，父母曾强迫我学习钢琴。当时我一直很厌烦，不过等到上小学六年级的时候，我已经能弹奏肖邦的曲子了，在那之后我开始喜欢上弹钢琴。一开始缠着父母买钢琴的姐姐没学多久便放弃了，而我却坚持学了下去，想想这也很不可思议。

另一方面，我还在摸索减肥的方法。由于只需付出极少的努力就能降低体重，这原本应该是件很愉快的事，而我却始终抵挡不住诱惑，一不小心就吃多了，结果又回到了起点。我一直在思考，对我而言怎样的努力能坚持下去，怎样的努力无法坚持下去。

痛苦与否全看个人想法

到头来，我发现痛苦与否全看个人想法。是否有"想办法试试看吧"的想法，可能会决定你能否从中感受到些许快乐。

就像我在前文中提到的那样，对我而言，在学习钢琴的过程中，突然感受到了弹钢琴的快乐；在大学入学考试之前，我总是有竞争对手，因此能够毫无痛苦地坚持学习；我在每周日晚打网球也一样，虽然专门去场馆练习十分麻烦，然而通过打网球来转换心情的爽快感，以及相处融洽的同伴让我坚持了下来。

我举办的演讲及专题研讨会的场数也很多，虽然非常辛苦，但参加者的反响很热烈。并且这对我的成长也有所帮助，于是就坚持了下来。

另一方面，我原本下决心每天坚持瑜伽和减肥，想养成"嚼三十次再下咽"的习惯，然而遗憾的是我始终无法消除努力减肥的痛苦。

关于"痛苦与否全看个人想法"这一点，我重新思考了一下。

- 究竟是喜欢，还是不讨厌？
- 真的觉得非常麻烦吗？
- 能很快看见成果吗？
- 有同伴吗？
- 能否从多个方面感受到从中获得的好处。

说到底，还是需要思考是否"由衷地喜欢"。如果回答是肯定的，那么就不会感到"痛苦"了，反而会感觉"快乐"。或者说，即便算不上非常喜欢，只要没有讨厌的要素，想必也不会感觉痛苦。

另外，是否觉得"非常麻烦"也是很大的要素。稍微感到有些麻烦也能坚持下去，可一旦超过"性价比"就非常差了。也需要同时考虑"是否真正喜欢"。如果真正喜欢的话，即使非常麻烦也不会感觉麻烦吧。

在还不够投入的阶段，"能很快看见成果"非常重要。对我而言，刚开始学习弹钢琴时非常辛苦，等我慢慢学会了之后，立刻就看见成果了，因此我也喜欢上了弹钢琴。

"有同伴"也很重要。只要有同伴，就能够坚持下去。我在高中和大学的运动部都有同伴。只要有同伴，痛苦的练习也会变得快乐起来。

关于"能否从多个方面感受到从中获得的好处"这一点，顾名思义，就是指结果能否不断延伸。只要能获得这样的结果，就会很容易坚持下去。对我而言，参加学习会和活动、举办演讲及专题研讨会、写书等行为正好适用于这一点。

行动

3

设法建立自信

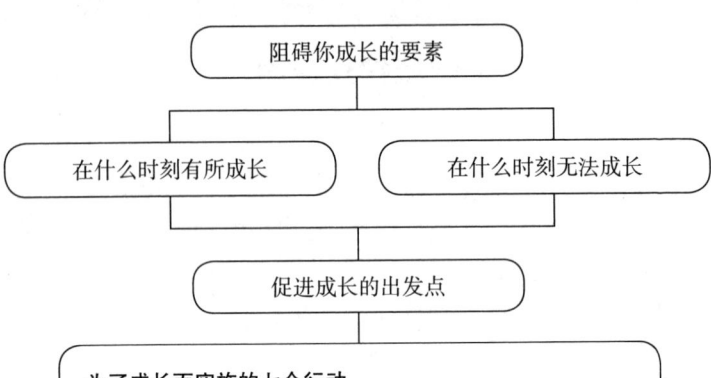

```
┌─────────────────┐
│ 阻碍你成长的要素 │
└─────────────────┘
    ┌────┴────┐
┌───────────┐ ┌───────────────┐
│在什么时刻有所成长│ │在什么时刻无法成长│
└───────────┘ └───────────────┘
    └────┬────┘
┌─────────────────┐
│ 促进成长的出发点 │
└─────────────────┘
```

为了成长而实施的七个行动

1. 果断降低难度
2. 坚持不痛苦的努力、能令人感到快乐的努力
3. **设法建立自信**
4. 创造出良性循环
5. 养成乐观的思维方式
6. 努力维持状态
7. 借助他人的力量，与同伴一起成长

在促进成长的方法里，有一个非常有效却很少有人使用的方法，那就是"设法建立自信"。这里所指的并不是"是否有自信"，而是"**以建立自信为目的，想尽各种办法**"。

很显然，世间存在"有自信的人"和"没自信的人"。并非所有人从一开始就有自信，绝大多数有自信的人都为了建立自信尝试过不少方法。接下来，我想就此进行说明。

或许有人会说："话虽如此，可我就是没自信才头疼啊。"不过，恐怕你想错了。

"建立自信的方法"有很多，并且效果非常显著。希望还没有建立自信的人一定要尝试一下。

奖励努力的自己

那么，究竟有哪些办法呢？首先，一定要"奖励努力的自己"。单是这一点，想必有不少人正在做吧。

我经常能听见"用甜点来奖励努力的自己"这样的话。然而，似乎大多数人只到此为止，再也没有后续了。

其实这样还不够，为何不认真奖励一下自己呢？我们应该毫不保留地奖励自己。事实上，有个非常简单且极其有效的方法。那就是我在《零秒思考》一书中介绍过的"A4纸记笔记"。

比方说，如果是低碳水化合物减肥，就按照下一页上半部分的方式来写。

此外，努力跑完三千米的情况，就按照下一页下半部分的方式来写。

这是否看上去很愚蠢？其实只是想到什么就动笔写下来而已。不用选词酌句，也不用过度思考，请为了自己而动笔。只要做成笔记，就会有意想不到的效果。

其原因就在于这样做能够将脑海中模糊的念头转化为明确的语言。亲眼确认自己写出来的句子能进一步加深印象。它会告诉我们自己正在努力这个事实。

这种行为类似于即便是强迫自己也要不停地说积极的话，这样一来想法就能渐渐变得积极；倘若总是说些消极的话，想法也会愈发地阴暗。

有不少人使用我在《零秒思考》一书中介绍过的"A4纸记笔记"，在演讲及专题研讨会上，曾有数千人在我的面前写过。我还经常收到"才写一页心情就很舒畅了""好开心"这样的反馈。还请大家尽情地、大胆地奖励自己。

实际上，我们究竟有多么努力，没人能清楚地告诉我们。想必就连自己都说不清楚。

因此，像这样写在A4笔记中的内容，乍看之下全是废话，实则不然。通过刻意写明，我们还能看出自己在哪些方面做出了努力，在哪些方面没有付出努力。

通过"A4纸记笔记"奖励努力的自己

> **今天也成功忍住没吃拉面。** 2016-7-1
> - 晚上肚子很饿，我忍住了，没吃拉面。
> - 只要当时忍住了，就能坚持不吃。
> - 最主要的是，第二天早上不会胃胀。
> - 身体也能变得轻快，最主要的是心情好。
> - 努力了真好。我真了不起！继续保持！

> **今天在下小雨，我依然跑了三千米。** 2016-7-1
> - 由于下小雨了，我非常犹豫，不过还是坚持跑完了。
> - 跑起来果然舒服，心情畅快。
> - 跑步的速度变快，成效正在显现。
> - 能像这样坚持跑完的感觉非常棒。
> - 感觉我能够一直保持下去。

但是有一点需要特别注意：不要在意别人的目光，按照自己的想法写笔记。说到底，这是为自己写的笔记，还请大家遵从内心的想法，想到什么就坦率地写出来。

不用过度修饰，也不要过于否定自己的成果，写出原本的自我才是最关键的。这样一来，就能坦率地奖励努力的自己了。

怎么找都找不出可以奖励之处的人，也请尝试写点付出了努力的事吧。一直保持着悲观的看法，对自己也并没有任何益处。

我认为，既然大家正在阅读这本书，就拥有一定程度真正"想要成长"的决心。还望大家不要虚饰自己，将这样的决心写下来。

另外，关于写笔记的方法，我还要补充几点：

- 写笔记的时候不要思考太多，想到什么就动笔写下来。
- 将A4纸横放，在左上方写标题，右上方写日期，一口气写完4～6行（每行20～30字）。
- 我认为将心中那股模糊的想法直接写出来比较好。
- 将写好的笔记分别装入7～9个的文件夹中，结束。

详情请参照《零秒思考》这本书。另外，我每个月还会举办一场与A4纸记笔记有关的专题研讨会（http://b-t-partners.com/akaba/）。

第五章 成长的七个行动　　075

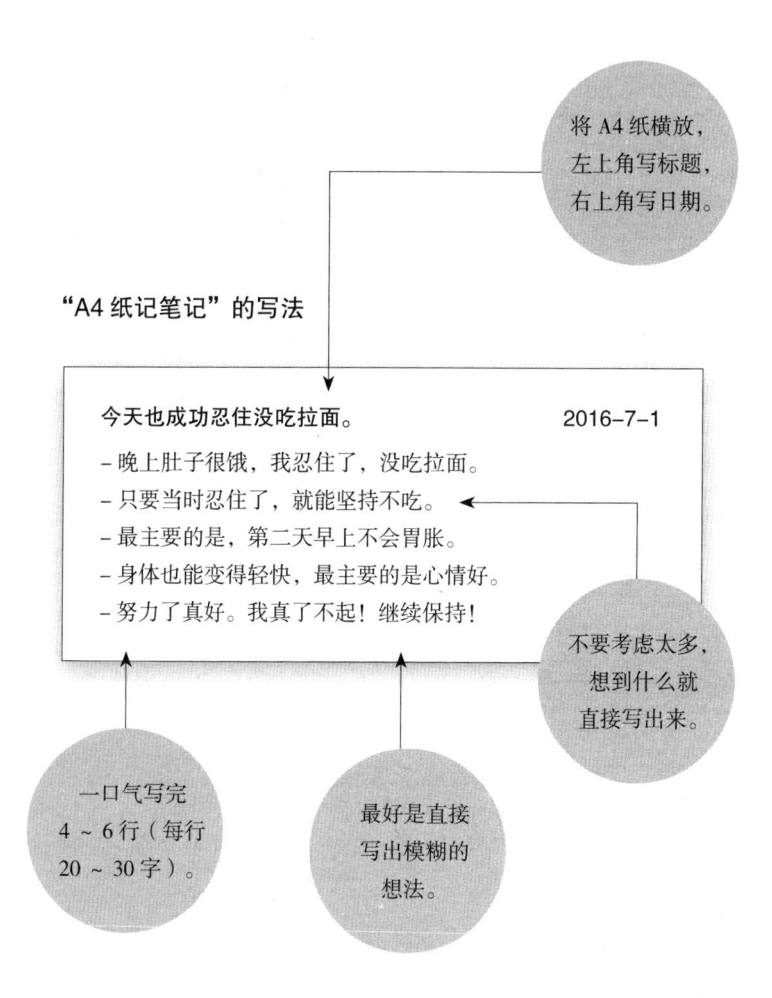

"A4纸记笔记"的写法

将A4纸横放，左上角写标题，右上角写日期。

今天也成功忍住没吃拉面。　　2016-7-1
- 晚上肚子很饿，我忍住了，没吃拉面。
- 只要当时忍住了，就能坚持不吃。
- 最主要的是，第二天早上不会胃胀。
- 身体也能变得轻快，最主要的是心情好。
- 努力了真好。我真了不起！继续保持！

不要考虑太多，想到什么就直接写出来。

一口气写完4～6行（每行20～30字）。

最好是直接写出模糊的想法。

积累微小的成功体验

为了建立自信，最有效的办法就是"累积微小的成功体验"。这样就逐渐能够积极地看待自己的能力了。

网球也有无数成长阶段。例如，学会击打触地球、即便用力击球也能将落点控制在对方界内、二发不再失误、一发的成功率缓缓上升、能够准确无误地完成截击，等等。

哪怕是微不足道的成功，只要不断积累小的成功经历，就能逐渐产生"网球越打越好"的自信。渐渐地，我们会对自己的成长有足够的自信。

在工作中也是一样，例如，有效利用前辈的资料，在此基础上更快地制作资料；在会议上的发言获得了上司的认可；在团队探讨问题时能起到一定程度的带头作用；将顾客的意见整理成报告后得到了夸奖，等等。

只要边看边学，不断累积微小的成功经历，一定能够增强自信。

然而遗憾的是，上司基本上不会为我们创造条件。因此，我们应该有意识地创造能获得微小成功经历的环境，多做准备工作，不断挑战，逐渐积累成果。这样一来，自然能让自己的情绪更加高涨。

反过来，在公司里有下属或后辈的人，请一定要为他们创造这样的机会。一旦亲身体验过"通过累积微小的成功体验，令自己的心情发生改变，进而变得更加积极、更加自信，开始进入良性循环"，就会想着"是不是还有可改进的余地呢？"

请抛弃"我都没让上司这么对待我，为什么我一定要这样对待下属和后辈"这种想法。比起"给予必索求""给予加给予"必定更容易取得好结果。

另外，无论在哪个领域，教人的一方，一定会比被教的一方学到的东西多数倍。而且，如果我们更多地给予的话，大多数情况下总能收获数倍的回报。只要以豁达的心态对待他人，日后就会有好事发生。

与愿意夸赞我们的人相处

我们需要想方设法地奖励自己，创造并亲身经历微小的成功体验，借此一步步建立自信。在此基础上，如果还有愿意夸赞我们、认可我们的人，那就更有效果了。

如果身边有愿意夸赞我们和认可我们的人，那是非常幸福的。请一定要珍惜。如此幸运的状况可不多见。

倘若身边没有这类人，那就需要主动寻找了。

或许有人会觉得"怎么可能会有人愿意夸赞我，谁会刻意这样做"，不过这也不是绝对的。假如从一开始就采取消极的态度，那么一辈子都不会遇到想要夸赞我们的人。我认为，只要像就职和相亲一样，有意识地去寻找就可以了。

那么，究竟该如何寻找呢？最好的方法恐怕是在职场和私生活中寻找以下几类人，并尽可能多花时间与他们相处。这样一来，自然就能找到了。

- 性格开朗，积极乐观的人。
- 认可我们的人。
- 懂得"积极反馈"的人。
- 不会嫉妒、使坏的人。
- 在一起让人感觉开心的人。

跟就职和相亲比起来，寻找这样的人应该会轻松不少。因为这并不是占有某个人。去寻找开朗、豁达且表里如一的人吧。

想方设法地远离否定我们的人

很遗憾，世上有些人喜欢"否定别人，说别人坏话，暗地里使手段，总说破坏别人心情的话"。这类人也非常多。

我认为"我们只能想方设法地远离这种人"。人生短暂，不要把时间浪费在这种人的身上。

当然，有的时候也会因为意见相左或是误解导致对方的言辞变得尖锐。为了防止后悔，还是先仔细听一下对方的说法，在确定双方不存在误解之后再做出决定。只要消除小误会，对方的态度就会随之改善，这样的情况并非不存在。

只不过，有时候如果仔细听对方的解释，对方便会误以为我们认可了他的观点，或是认为我们认输并站在了他的一边，这样就会让我们陷入进退两难境地，因此需要多加注意。毕竟让对方产生了这种误会后再拉开距离的话，对方就会开始说非常难听的坏话。

先试着听对方解释，如果认为"对方果然还是在否定我，是个性格恶劣的人"，那就只能远离这个人了。

关键问题在于，对方是上司、父母、丈夫或妻子、恋人的情况下该怎么办。

如果对方是上司，还是先跟同事和前辈商量一下吧。首先需要确定问题不是出在我们身上，趁还没遭受再也无法恢复的精神打击之前，去找上司的上司，或者找人事部协调，申请调换部门。

这并不是忍耐就能解决的问题，而且忍耐也无法让我们有所成长。肯定会有人面露理解的表情说"再忍下看看吧"，可一旦心理出现问题就为时已晚了。

如果对方是父母的话，我觉得应该尽早搬出去一个人住。或许在高中毕业之前无法实现，不过在毕业之后，应该就有办法远离家人了。并不是只要忍耐就一定能习惯。与父母疏远的确是件让人遗憾的事情，可是跟否定我们的人待在一起的话，就顾不上成长了。孩子并不是父母的宠物。

很多时候，父母的虚荣心或不安会反映在不停地否定孩子这一行为上，并且父母还会产生一种可怕的定式思维，即"错的并非自己（父母），而是孩子"。这样一来就只能逃离父母了。

对方是夫妻或者恋人的情况也一样。就是所谓的DV（家庭暴力）及冷暴力（用语言不断地否定对方的人格），到了这一步，基本已经无法修复关系了。有些人因为害怕对方报复，想逃却不敢逃，可是如果不逃的话，处境会变得更加凄惨。在这种情况下，不能有半点犹豫。

或许有些人会觉得奇怪，"这不是帮助成长的书吗？为什么内容却是'想方设法地远离否定我的人'呢？这样不是很奇怪吗？"如果这么想的话，存在两种可能，一种是对这类问题的理解不够深，另一种就是一直对这种问题装作视而不见。

可以预见到，在多愁善感、奉行避事主义的日本，会有人认为这样做"太缺乏人情味了"，不过，既然本书旨在从正面探讨"进一步成长""建立自信"的方法，那这就是无法回避的问题。

从社会的闭塞感很强，以及核心家庭[①]日益增加这两点来看，这个问题还在不断恶化，因此更加需要注意。

尝试所有方法

对于建立自信而言，"尝试所有方法"非常重要。或许可以说，重要的是"学会想办法"。有不少人来找我商量表达"想成长"的意愿，听他们大致诉说一遍后，我便会问"试过这个办法吗""那个办法呢""还可以这样做"，然而他们普遍的回答是几乎没有采取行动。

有时候，只要有想成长的心，稍微认真思考就能想出办法，有无数创造良性循环的机会。即便如此，很多人还是会说"啊，我都不知道""一直没想到""从来没试过"。

嘴上说想成长，却从来没思考过"怎么做才能成长"。只要

[①] 指仅由夫妻，或者是夫妻（单亲）与未婚的子女所构成的家庭。——编者注

稍微尝试一下就有很多收获，结果却没有行动。

这样实在是太可惜了。这无异于只是口头说说，并没有付出具有实质意义的努力。

那么，关于应该如何"想方设法地建立自信"，稍微想一想，就能列举出以下方法。

- 尝试比别人多做一些事。
- 尝试比别人多花一些时间。
- 尝试加快速度。试过几次之后再恢复成原来的速度。
- 尝试使用与之前不同的办法。
- 尝试使用与之前不同的顺序。
- 不断重复 PDCA（Plan → Do → Check → Action）。
- 拜托同事和朋友，请他们扮演特定的角色。
- 尝试详细请教有自信的朋友。
- 尝试挑战更高难度的事物。
- 尝试与别人一起完成一件事。
- 交给别人做。
- 尝试放弃亲力亲为。
- 尝试做先前交代给下属的事。
- 学会想办法。

总之，我们可以想出无数种方法。

以上这些方法，需要逐个去尝试。在想方设法建立自信的时候，需要注意以下几点问题。

1. 先不要着急下结论，多尝试不同的方法

大多数人觉得自己思考过、下过功夫，一直沿用自己过去使用的方法。毕竟这样做很正常，而且自己也觉得不错，因此很难尝试新的方法。于是就会有"使用那种方法曾经失败过""用那种方法是不可能成功的"这样的想法。这时就需要暂时抛开这种想法，尝试使用各种不同的方法。

2. 即使无法立刻见效，也要先观察一段时间

第一次使用一种方法时，不可能在一开始就拿出绝佳的成果。在反复试错的同时，还需要稍微观察一下情况。

3. 不懂的时候，要立刻请教身边的行家

如今网上盛行一种风气，只要随便问点什么，就会有人说"自己上网去搜索，废物！"这是万万不可取的。最起码自己应该先查一遍，可是依然有许多疑惑的话，最好还是请教一下行家吧。在公司等环境中，有必要逐渐培养出这种风气。

4. 将加快速度贯彻到底

想进行各种各样的尝试，就必须注重速度。即使做法本身没有区别，只要提高速度，就能获得截然不同的结果。不仅会不断获得新发现，循环 PDCA 也会变得更加容易。

5. 将自己想出的办法告诉别人、写在博客上

不断地将自己想出的新办法告诉别人，能够逐步加深自己的理解，也更容易想出新的点子。那是因为，"解释"或者"写"的过程，对整理思维有极大的帮助。大多数情况下，教人的一方能学到更多的东西。

依靠灵感笔记建立自信

我在《零秒思考》一书中介绍过"A4 纸记笔记"的进化形式，那就是用三张 A4 纸制作"灵感笔记"。这种方法能够有效地改变意识与行动，而且只需要不到二十分钟的时间。因此，大家可以找四名以上的伙伴，比如朋友、熟人之类的，请务必尝试一下。

写灵感笔记时就采取以下方法，"首先用三分钟写好第一页（第一张），然后两人一组，用两分钟时间互相说明笔记的内容"。

例如，让我们试想一下，想深入地探讨"如何自信地行动"时应该怎么办。首先在3张A4纸上分别写下以下观点："有不自信地处理问题的经验吗？""有自信地处理问题并成功的经验吗？""今后如果想继续自信地处理问题应该怎样做？"接下来再分别写下四个课题。

- 用3分钟写好第1页，然后用两分钟与身边的人相互说明。
- 用3分钟写好第2页，然后用两分钟与其他人相互说明。
- 用3分钟写好第3页，然后用两分钟再与其他人相互说明。
- 随后，再以说明、听别人说明时获得的启发为基础，用两分钟修改自己的笔记。

虽然只需要用短短17分钟，但是只要按照这样的方法推进下去，就能收获非常多的刺激和发现。

在依次与三个人谈话的过程中，我们能了解到别人具有怎样的失败体验和抵触情绪，这样我们就能认识到，并非只有自己有失败体验和抵触情绪。另外，正因为这些事情发生在他人身上，我们才能看清他人也会在意、执着于很小的事情。在我看来，由于并不是自己的事情，我们平时很难注意到这些问题。

另一方面，通过与他人交流，我们会产生"跟别人比起来我好太多了""这样看我还好"这样的想法，这样还能收获意制作"灵感笔记"需要准备 3 张 A4 纸，并将每张分成 4 个部分。

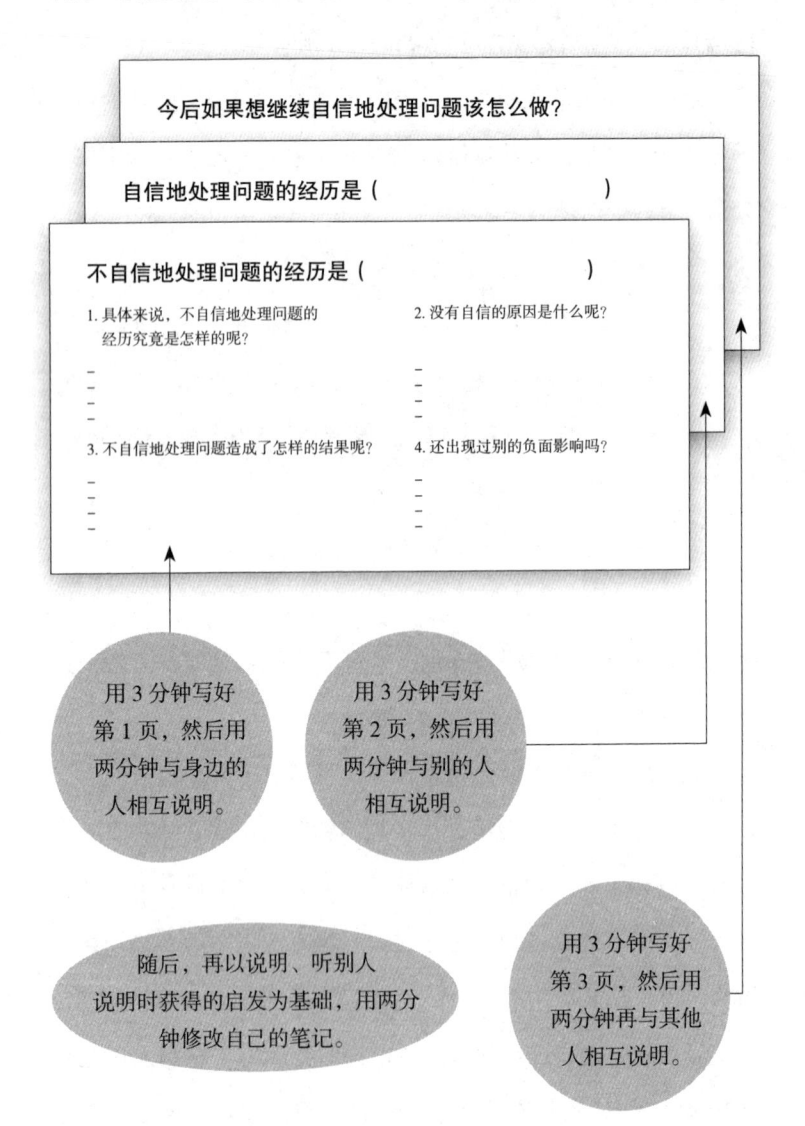

今后如果想继续自信地处理问题该怎么做？

自信地处理问题的经历是（　　　　　　　）

不自信地处理问题的经历是（　　　　　　　）

1. 具体来说，不自信地处理问题的经历究竟是怎样的呢？
－
－
－

2. 没有自信的原因是什么呢？
－
－
－

3. 不自信地处理问题造成了怎样的结果呢？
－
－
－

4. 还出现过别的负面影响吗？
－
－
－

用 3 分钟写好第 1 页，然后用两分钟与身边的人相互说明。

用 3 分钟写好第 2 页，然后用两分钟与别的人相互说明。

随后，再以说明、听别人说明时获得的启发为基础，用两分钟修改自己的笔记。

用 3 分钟写好第 3 页，然后用两分钟再与其他人相互说明。

想不到的自信。想必这样一来，就会开始想"我也不是完全不行啊"。

由于这样还能看见三人的不同点和共同点，通过一次活动，甚至能够非常客观地看待迄今为止独自烦恼的问题，进而能够从全新的视角理解问题。

我在自己开办的研讨会，以及在企业举办的专题研讨会中，屡次实施"当机立断，迅速付诸行动""创造良性循环"等主题的灵感笔记，收获了很好的评价。

利用灵感笔记打破心理障碍

接下来，让我们使用灵感笔记探讨"消除没有自信这一心理屏障"这个问题。请试着按照以下三个主题来实践。

第一组：有不自信地处理问题的经验吗？
第二组：有自信地处理问题的经验吗？
第三组：今后如果想继续自信地处理问题应该怎样做？

第一组的主题是，"有不自信地处理问题的经验吗？"
首先，请在括号内写下不自信地处理问题的具体事例。
接下来，针对以下四栏的问题，分别写出4~6行。

1. 具体来说，不自信地处理问题的经历究竟是怎样的？
2. 没有自信的原因是什么？
3. 不自信地处理问题造成了怎样的结果？
4. 是否出现过负面影响？

想要在3分钟内写完这些内容，就无法逐字逐句地斟酌。将脑海中隐约浮现出来的内容直接写下来的过程，就和《零秒思考》一书中介绍过的"A4纸记笔记"一样。可以从这四栏的内容中任意挑选一栏，开始书写。

我推荐的方法是，先用一分钟，写出立刻能够想到的内容。接下来再用一分钟补充没及时写出来的部分。即便如此，也要在尽可能保证速度的前提下写出来。在最后一分钟的时间里，观察一下整体的内容，然后补充遗漏的部分。

在3分钟内写完后，再用两分钟的时间与身边的人相互说明。由于只有两分钟，可以简洁地对彼此说明"发生过这种事""考虑过这些问题""写得不好，其实想表达的是这个意思"。

灵感笔记的实践（第一组）

```
不自信地处理问题的经历是（              ）

1. 具体来说，不自信处理问题的      2. 没有自信的原因是什么呢？
   经历究竟是怎样的呢？
   -                              -
   -                              -
   -                              -

3. 不自信地处理问题造成了怎样的结果呢？  4. 是否出现过负面影响？
   -                              -
   -                              -
   -                              -
```

想在3分钟内写完——

首先要写下所有立刻能够想到的内容。

然后补充没及时写出来的部分。

最后，观察整体的内容，补充遗漏的部分。

第二组的主题是"有自信地处理问题的经历吗？"这次也一样，请先在括号中写下具体的事例。后面的步骤也跟第一组相同。

第三组的主题是"今后如果想继续自信地处理问题该怎么做？"用这个题目依次写在4个栏目中。由于这是第三组，脑海中浮现出的念头应该也会有所增加，书写的速度也会变得越来越快。尽量试着多写一些内容。

灵感笔记的实践（第二组、第三组）

自信地处理问题的经历是（　　　　）

1. 具体来说，自信地处理问题的经验究竟是怎样的呢？
-
-
-

2. 自信的原因是什么呢？
-
-
-

3. 自信地处理问题带来了怎样的结果？
-
-
-

4. 从整体来看是否出现过良性循环？
-
-
-

今后如果想继续自信地处理问题应该怎样做？

1. 自己在什么时候、怎样的状况下能够比较自信地处理问题？
-
-
-

2. 需要事先做好怎样的准备，才能自信地处理问题？
-
-
-

3. 就个人而言，怎样才能进一步增强自信？
-
-

4. 怎样才能不断创造出良性循环，继续自信地处理问题？
-
-

只要有四个人就能实践灵感笔记，不过如果能找到几十名想解决近似问题的人，那么活动的气氛会非常热烈。而且这样对构建欢快氛围很有帮助，我们会想着"什么嘛，原来大家都一样啊"，自信也会随之涌现。

灵感笔记的注意事项

灵感笔记对于改变自己的意识和行动有极大的帮助，但是在实施的时候有几点需要大家注意。接下来，我将会逐个说明。

1. 灵感笔记的规则是只用3分钟的时间写出一张A4纸笔记，然而有的人能写出很多内容，有的人却只能写一半左右。这时，应该不要在意内容的多少，按照既定计划进行下去。虽然是否已经习惯做笔记的方法能够决定书写的量，但是在大多数情况下，脑海中一定会浮现出一些灵感，不必太担心。

用两分钟时间相互说明的时候，几乎能够明确地说出笔记中的内容。在说明的过程中经常不断涌出新的灵感，而且有时对方的说明也会给自己带来启发，进而催生出新的灵感。

2. 用3分钟写四栏内容看上去很难做到，但实际上，由于时间紧迫，反倒更容易催生出灵感。即便是第一次写，也没有必要将时间延长至四五分钟。想必也会有一些不情愿的人吧，不过他们真正开始做笔记后，便会觉得"想不到尝试写一下可以写出很多内容"。正如我在前文中提到的那样，即便无法写出很多内容也没关系，我们还能够进行口头补充。

3.在进行"用3分钟写好，再用两分钟相互说明"三组主题，以及最后的用两分钟修改这些步骤时需要使用计时器，按照既定的时间来完成。在时间紧迫的氛围下能够让大家更加集中注意力，进而发挥出原本的实力，甚至有可能发挥出超越极限的实力。其结果就是，所有参加者都会变得更加积极，对于自信和没自信的看法会发生极大程度的转变。

请务必召集同伴一起尝试一下。这样的活动能令自己的观念产生很大的变化，而且还有很多新发现，大家应该会感到惊讶。这样就能找出没有自信的原因，并制定应对之策。

关于成长也一样，先将下面列举出的主题做成三张卡片，再经过交流，我们就能获得重大发现，自己的行动也会随之改变。

第一组：在怎样的时刻感到自己没有成长？
第二组：在怎样的时刻感到有所成长？
第三组：今后想继续成长应该怎样做？

灵感笔记的内容并不是上司等人的指点，而是在3分钟绞尽脑汁书写的过程中自己发现的问题，因此不会让你产生抵触的情绪。由于要用两分钟相互说明内容，这时还会有更多的发现。

如果是在一般的会议中，假设有20个人参加，那么在其中一个人发言的时候，剩下19个人就只能默默聆听。这样的确能够在一定程度上增长知识，然而说到底这只是被动学习，几乎没有动脑。

不过，在书写灵感笔记的3分钟内，所有人都会努力思考需要书写的内容。接下来的两分钟也是一样，需要用一分钟说明自己笔记中的内容，对方必须要完全理解你所说的内容，全面调动思考能力。

这是一种生产率很高、强度很高的方式。到目前为止，有很多人参加过我举办的学习会，从大企业的董事层领导到零售店的老板，从大学生到70岁以上的老人，小至4个人的小组大到350个人的大团体。我在日本、印度、中国台湾地区都举办过这样的学习会，并且收获了非常高的评价。

另外，有时还需要根据不同的课题制作三张全新的卡片，还能获得崭新的见解。只是思考在每一页的各个栏目该放入怎样的题目，也能成为很好的训练。

利用"灵感笔记成长"

第一组：在怎样的时刻感到没有成长？
第二组：在怎样的时刻感到有所成长？
第三组：今后想继续成长应该怎样做？

笔记中的内容并不是来自上司之类的人的指点。
是在三分钟内绞尽脑汁书写的过程中自己发现的问题，因此不会产生抵触情绪。
另外，这也不是被动学习，在互相说明时还会有更多的发现。

（第一组）

在怎样的时刻感到没有成长？（　　　　　　　　　）
1. 开始感觉"没能成长"的契机是什么呢？ － － － 2. 回顾过去的经历，曾遇到过哪些阻碍和艰难的环境？ － － －
3. 朋友和前辈提过有帮助的建议吗？ － － － 4. 没能成长造成了怎样的结果？ － － －

第五章　成长的七个行动　　095

（第二组）

在怎样的时刻感到有所成长？（　　　　　　）

1. 是怎样的成长？
 -
 -
 -

2. 成长的背景、契机是什么？
 -
 -
 -

3. 朋友和前辈的建议起到了什么作用？
 -
 -
 -

4. 成长后，带来了怎样的结果？
 -
 -
 -

（第三组）

今后想继续成长应该怎样做？

1. 想获得持续性成长，应该有意识地做些什么、注意些什么？
 -
 -
 -

2. 为了维持干劲应该怎样做？
 -
 -
 -

3. 该如何灵活动用前辈、朋友等身边的人呢？
 -
 -
 -

4. 想创造良性循环，并实现持续性成长该怎么做呢？
 -
 -
 -

行动

4

创造良性循环

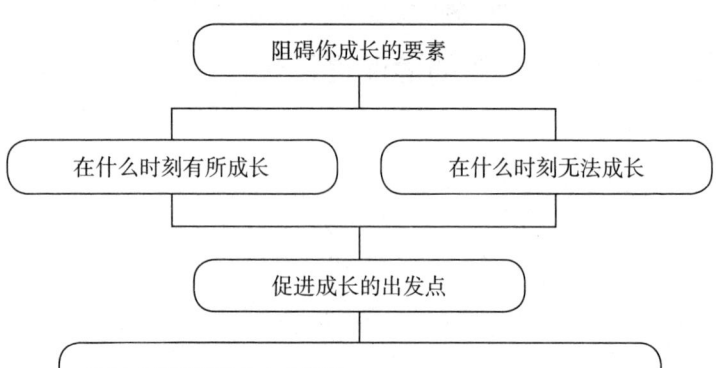

```
┌─────────────────┐
│ 阻碍你成长的要素 │
└─────────────────┘
        │
   ┌────┴────┐
┌──────────────┐  ┌──────────────┐
│在什么时刻有所成长│  │在什么时刻无法成长│
└──────────────┘  └──────────────┘
        │
┌─────────────────┐
│  促进成长的出发点  │
└─────────────────┘
```

为了成长而实施的七个行动

1. 果断降低难度
2. 坚持不痛苦的努力、能令人感到快乐的努力
3. 设法建立自信
4. **创造良性循环**
5. 养成乐观的思维方式
6. 努力维持状态
7. 借助他人的力量,与同伴一起成长

在我看来，"良性循环"是指在众多有利因素的助推下，让人能够更加简单地、确切地实现自己想实现的事情。"创造良性循环"指的则是，依靠事先打下的诸多基础开启良性循环，顺势而为，以实现当初的目标。

这并非只是创造出单纯的因果关系，而是"提前打下诸多基础""抢占先机""有意识地创造顺风"。必须先"根据获得的结果，找出引发良性循环的规律"，在此基础上，还要"尽可能地创造出有利的大趋势"，这样便能令事情的进展变得顺利。

这种方法并不是万能的，不过只要经常思考，有时就能够创造出良性循环。我在一些方面上偶然创造出了良性循环，于是便产生了这个设想。

成长也是一样，只要加入"创造良性循环"这一设想，想必一定能够获得令人欢欣的成长机会。这种梦幻般的机遇，其实就在触手可及的地方。

事先"播种"

为了创造出良性循环，还需要事先在各个方面"播种"。但是，播种的方式也要视成长的目的而定，接下来，我们来看这几种情况。

1. 想强化把握、解决问题的能力

为了加强把握并解决问题的能力，《零秒思考》一书中介绍的A4纸记笔记、本书中的灵感笔记，以及《零秒工作》中提及的工作框架和设定课题等方法必不可少。在此基础上，我们还需要重复大量的实践。为此，我们必须不断重复"只要有人来找我商量，就要用心提建议"这一行为。

只不过，人的烦恼分为很多种，而且不同立场的人的烦恼也有很大不同。想立即给出有效的建议绝非易事。也许在最开始的阶段难度会非常高。即便如此，只要真诚地对待对方，经过多次商量之后，能力便会得到巨大的提升。

毕竟很多人都拥有各种各样的烦恼，慕名前来找你商量的人会逐渐增多。即使对方觉得"帮助不大"，只要用心商量，名声便会渐渐传开。这就是播种。

学生也好，刚进入社会工作的人也好，哪怕是一流企业的董事、部长甚至社长，他们的烦恼其实都没有太大差别（大家都一样，都是关于人际方面的烦恼），因此，只要用心对待，把握且解决问题的能力便会不断提高。

2. 想要提升领导能力

想要提升领导力，最迅速的办法就是在公司或小组中主动担任某个项目的领导。在日本几乎没有人会想要主动担任这一职务，因此只要勇敢举手，大多数情况下都能当选。

虽说一开始不会很顺利，但只要听取团队成员的意见，倾听他们的烦恼，并展现出项目领导应有的方向性和实现目标的手段，到后来，一旦有项目，上司就会指派你来负责了。

这个过程就是播种。从小的项目开始做起的话，不仅能获得良好的锻炼机会，还能同时获得播种和提升技能的机会。

身为领导，描绘发展前景固然重要，不过更重要的是要仔细听取团队成员的意见。一般来说，一个项目的目标是事先决定好的，完成这个项目本身并不存在混乱的情况，然而能够指挥得当的领导实在少之又少，以至于在推进项目的过程中会产生混乱。

这样的混乱，几乎都是源于心理隔阂，因此倾听各团队成员的意见和不满的情绪就变得尤为关键了。

在这种情况下,"单纯地听"是不够的,我推荐的方法是"积极聆听(active listening)"。我之所以特意标注出英文,是因为"积极聆听(active listening)"的意思是"保持关心、积极沟通,用心听完对方说的话",单纯地用"问""听""倾听"等词语都无法概括它的含义。

通过积极地聆听,项目的进展会变得惊人地顺利,而且"那个人很有领导能力,也很让人信赖"这一评价也能被更多人知道。

通过此举就能播下不少种子。

3. 想提升收集信息的能力

想要提升收集信息的能力,就必须先确定自己感兴趣且愿意深入研究的领域。可以是自己工作的周边领域,也可以是跟自己工作的领域有些许不同,但在不久的将来想要涉足的领域。

首先,寻找精通那个领域的人。最方便请教的应该是学生时代的同学和朋友吧。可以和这些人当面交谈,仔细询问想要了解的内容。与此同时,还要在网上搜索主要的关键词,大致阅读几百篇网络的文章。

只要不停地阅读下去,必定能找到对症下药般的好文章。能写出这类文章的作者写出的其他文章也一定十分出色,因此最好能把往期的文章也全部阅读一遍(具体的阅读方法在行动二的章节中会提及)。

接下来最好是与先前请教过的人会面,向他们咨询搜索过程中出现的疑问等问题。

只要坚持这种方法两周左右,就能掌握足够的该领域的基本信息,知识量也会急速增长。并且对方也会注意到你在认真学习,今后也会继续提供帮助。

这也是一种播种方式。

4. 想要提升表达能力

想要提升表达能力,就需要同时具备把握且解决问题的能力,以及领导能力。这两点前文中已经介绍过,此外,可以通过"写博客""为杂志等刊物写文章""写书"等文字手段表达,也可以用"演讲""专题研讨会"等途径表达。

为实现这些目标而播种的方式,在行动二的章节中也有所提及。作为起点,我们对于某个领域所发表的言论必须具备深刻的见解。首先,在"搜索快讯"中登记30~50个非常关心的领域的关键词,每天阅读所有推送的文章。

虽然不同的领域情况也不一样,但是也可以在搜索快讯中添加英语关键词,尝试阅读英语文章,这样就能在短时间内增加非常可观的知识量。

用搜索引擎检索出来的文章看起来数不胜数,但其实很多都是重复的，就算一直阅读下去也无法加深知识。我怀疑，被翻译成日语的英语文章和视频的数量，甚至可能只占整体的5%。只需接触其中的一部分，在日本就能够发出非常有价值的言论了。

一旦将这些内容写在博客上，播种的进程便会急剧加速。我在为一家风险企业提供服务时开始写专业性很强的博客，当我写了五篇左右的文章后，看过这些文章的某家公司的社长便向我发来了会面的申请。

如果有读者想了解该怎样通过收集信息和写博客等方式提升表达能力，可以参考《麦肯锡精英高效阅读法》一书。

带动周围的人

想创造出良性循环，需要攻克的一个重要课题就是怎样带动周围的人。毕竟一个人能够独立完成的事情十分有限。只要能把握有多少人和自己的目标相同，机会便会增多。

很多时候，在想着"为了成长，要创造良性循环"的人身边会聚集大量的人。而问题在于，这时应该怎样构建"双赢的关系"，让身边的人也活跃起来。

愿意以助手的身份与我们一起行动的人，会在你做任何事情时提供事务性的援助，因此能够让我们更容易创造出良性循环。并且，在良性循环开始的时候，他们还能为加快并扩大良性循环做出贡献。

外部人员之所以愿意提供帮助，是因为我们与其所在的公司之类的团体的利害关系一致，只要运用得当，就能不断地播下种子。他们会给我们提出各种建议。虽说其中可能也会有一些无用的建议，但是只要真诚待人，就能迅速跟对方打成一片。

因为从事媒体工作的人都拥有良好的表达能力，所以只要不是广告制作委托，都应该尽量提供帮助。这类人总是在寻找能够成为新闻的事件，因此应该跟我们十分合得来。

创造顺风

在创造良性循环时，最重要的就是要"创造顺风"。所谓顺风，指的是良性循环即将开启时的助推力。它有非常多的形式，例如开展新项目时有人出租给我们办公室；用大篇幅报道介绍这个项目；为我们引荐关键人物；有人帮忙增强舆论支持。

然而，这时决不能抱有"现在形势大好，真走运。放手大干一场吧"这种想法。反而应该小心翼翼地在火种上添加柴火，在火势稍有起色之后，再添加较粗的柴火，需要采取像这样谨慎且主动的行动方式。

只要这样做，就不再是"因为形势有利，所以才前进"，渐渐地就能一步一个脚印地前进，同时不断创造良性循环，从中萌发出新的机遇，创造更加有利的局面，进而获得重大成果。

举办大量演讲，在博客上写文章，出版书籍，为大企业提供经营改革方案，与很多风险企业共同创业并为其提供经营上的援助。我就是这样不断扩大良性循环的。

行动

5

培养乐观的思维方式

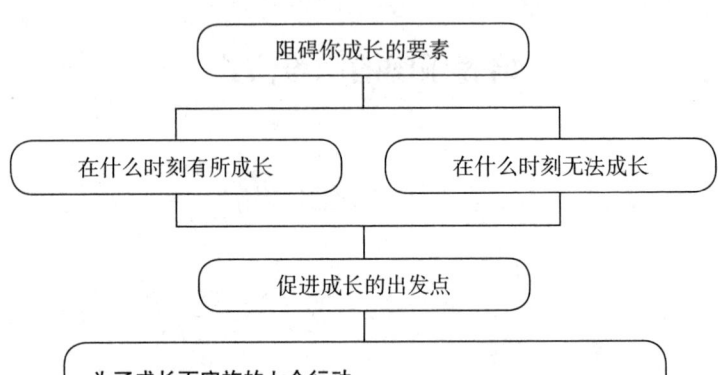

```
          ┌──────────────────────┐
          │   阻碍你成长的要素    │
          └──────────┬───────────┘
         ┌───────────┴───────────┐
┌────────┴─────────┐   ┌─────────┴────────┐
│ 在什么时刻有所成长 │   │ 在什么时刻无法成长 │
└────────┬─────────┘   └─────────┬────────┘
         └───────────┬───────────┘
          ┌──────────┴───────────┐
          │   促进成长的出发点    │
          └──────────────────────┘
```

┌─────────────────────────────────────┐
│ **为了成长而实施的七个行动**   │
│   │
│ 1. 果断降低难度   │
│ 2. 坚持不痛苦的努力、能令人感到快乐的努力 │
│ 3. 设法建立自信   │
│ 4. 创造出良性循环   │
│ **5. 培养乐观的思维方式**   │
│ 6. 努力维持状态   │
│ 7. 借助他人的力量，与同伴一起成长   │
└─────────────────────────────────────┘

越乐观的人越会有所成长

我认为，越乐观的人越容易成长。只一次尝试就成功的情况十分少见，但是乐观的人会思索新的方法，不断地尝试，直至成功。这类人不会失去动力，不会冲动行事，能够坚持做完一件事。他们失败的时候不会怪罪别人，会主动承担责任，因此他们具备相应的觉悟，也更容易成长。

另一方面，悲观的人在遭遇失败时，会不停地找各种理由，却很少会思考"问题究竟出在哪里""今后应该怎么办"等问题。这类人不仅会从否定的角度看待事物，也会用怀疑的眼光看待事物，甚至经常将失败归咎于他人。这就意味着他们并没有在反省，因此也很难成长。

无论在工作中还是运动中，称得上优秀的人，通常都会保持积极乐观的态度。通过他们的采访和报道，我们也能够了解到这一点。在我看来，由于他们很乐观，或许经过成长到相应的水平后，还会变得更加自信、积极乐观。

可能有人会说:"道理我都明白,就是无论怎样都无法变得乐观我才会感到头痛",不过事实真是如此吗?

既可以选择乐观的态度也可以选择悲观的态度,之所以选择悲观,难道不是因为**"用悲观的眼光看待事物会更加轻松,所以就慢慢形成了悲观的思想"**吗?

其实这只是思维方式的问题,事实上,究竟选择要乐观地看待事物还是悲观地看待事物,是可以由自己掌控的。

有的人迄今为止一直坚定地强调"自己的性格很内向",但其实认真思考,或许就能发现自己一直认为"这样很帅""这样看起来很深沉""这样情况就不会变得更差了"。

诚然,世上也存在不少成长于不健全家庭的"成年孩子(Adult Children)",存在因依恋障碍、职权骚扰等问题而饱受折磨的人。但是,如果考虑到自身的成长问题,最好多思考一些方法,尽可能地用乐观的心态看待事物。

毕竟这样一来,不仅成长速度便会加快,心情也会变得更加愉快,让心态变得更加乐观。就算不强迫自己,也能逐渐掌握乐观的心态,也会逐渐进入良性循环。

设法变得乐观

那么,如何才能让思想变得积极乐观呢?我认为,"人原本能够保持乐观的心态,只有遭遇了许多极度让人厌恶的事情,才会导致心态变得消极"。

极度让人厌恶的事情大多数是与人有关的。

如果一个人无法与他人友好相处的话，心情就会变得很低落，心情过于低落的话就容易变得悲观。遭人恶意对待、背叛、嘲笑的话，心情也会变得很低落。时常被这些问题困扰的话，自然会变得悲观。

针对这些问题，我一直采取下面提到的方法。我个人的性格是一个优势，不过我一直有意识地保持乐观的心态，为此付出了很多努力。

- 我会认为，对我做出过分举动的人，有着相当严重的心理问题。
- 观察对我做出这种举动的人，分析对方为何能做出这种事。
- 就算遇到了烦心事，也不急于下结论。
- 就算遇到了厌烦的事，也试着将它当成一次锻炼。
- 我认为乐观的心态和悲观的心态只有毫厘之差。
- 尝试从不同角度的理解。
- 想着"管他呢"，干脆睡觉。

接下来，我将会逐一说明。

认为对方有着"相当严重的心理阴影"

我总是会想:"对我做出过分举动的人,有着相当严重的心理阴影"。这是我使用频率最高的应对之策,凭借这个办法,我就能够比较乐观地看待事物了。

我明明没有任何过错,对方却做出了过分的举动,这类人或许是易怒、冲动,也可能是阴险、喜欢指责别人的性格。

很难想象正经的人会做出这样的事,我会在内心想着:"这个人恐怕有着相当悲惨的经历吧。"

这样一来,对方非常愤怒的表情看着就像"满是痛苦的表情""痛苦挣扎的表情""陷入自我厌恶的表情",接着便能想象出"因为这人有着相当悲惨的经历啊"。不愉快的心情必定会有所减轻。

分析对方"为何会做出这种事"

接下来的这个方法我也经常使用,那就是"观察对我做出过分举动的人,分析对方为何会做出这种事"。说实话,我十分好奇这一点,因此我会像观察珍稀动物一般观察对方。

我也想过:"都被对方大声训斥了,根本做不到冷静观察!"不过,我还是会努力地观察对方的异常行为。

然后我就会发现,"这人十分幼稚啊""看来是非常没自信,所以才会感到不安"。

不急于下结论

"就算遇到了厌烦的事,也不要急于下结论",这一点也很重要。毕竟对方也会误解,事后再道歉也是有可能的。

可是,如果互相攻击,吵得不可开交,那么想必对方也不会道歉的。

试着将它当成一次"锻炼"

另外,还有一种方法,即"就算遇到了厌烦的事,也试着将它当成一次锻炼"。这个方法只适用于心态足够豁达的人,实践起来难度有些大,不过这也是一种修行。我们能从中学到不少东西。

乐观的心态和悲观的心态只有毫厘之差

再开拓一下想法的话,还有一个最后的手段,那就是"想着乐观的心态和悲观的心态只有毫厘之差"。

即便发生了许多非常困扰的事情,也会说服自己"凡事既有好的一面也有坏的一面。总之,全看个人的想法"。

这是一种高难度的技巧,不过效果非常好。事物都具有两面性,遇到了麻烦,有时甚至会想一口咬定它是"消极的事物"。但是,如果重新审视就会发现"这件事也并不是没有积极的一面"。

尝试从完全不同的角度解释

难度更高一层的技巧是"尝试从完全不同的角度解释"这个方法。这种方法就是，事情进展不顺利的时候，不应该想着"有人在动手脚""有人在阻碍我""有人在偷懒"什么的，应该尝试从零开始思考进展不顺利的理由。

不习惯这样做的人，或是易怒的人遇到麻烦就喜欢做出肤浅且轻率的解释，甚至会情绪激动地训斥别人，而有时则会非常消沉，有时也会粗暴地对待他人。当然，他们所做出的解释绝对不能说是正确的。准确来说，大多数情况下，更像是操之过急，并且是过于肤浅或是错误的判断。

想着"管他呢"，干脆睡觉

最后，还可以想着"管他呢"，直接睡觉。我非常推荐大家使用这个办法。只要遇上糟糕的事，或是毫无道理的事接连不断出现，心情就会变得低落，就会很气愤。但是还可以想着"反正都已经发生了，又不可能马上挽回局面，暂且放一放好了"，早点睡觉。

我只要睡上一晚，不愉快的情绪能减少到20%。毕竟每个人的情况都有所不同，我也不认为每个人都有如此幸福的，或者说如此适当的性格，不过这确实很有效果，因此我建议大家务必尝试一下。

另一方面，遭遇考试落榜、交通事故等事情虽然非常痛苦，但是只要不存在他人对你恶意的行为，这些也都是暂时性的问题。在我看来，这些事情不至于让人感到特别沮丧。

看法决定一切——灵感笔记的实践

说到底，心态究竟乐观还是悲观，全由"个人的看法"来决定。因此，应该尽量避免一直强调："完全无法接受这样的状况、境遇、待遇，太难受了"。尽可能地保持积极乐观的情绪，并投入到其他事情中，这样才是更有建设性的做法。

只要稍微乐观一点，内心就会变得从容起来。一旦内心变得从容，人际关系也会随之改善，便开始了良性循环。有时候还会遇上完全意想不到的时机，从而迈入一个崭新的阶段。

或许也有人觉得"如果这样就能够解决问题的话，就不会这样辛苦了"，但是，**"究竟是乐观还是悲观，只是立场上的细微区别"**，不知大家是否能够理解这样的看法。

如果有人问"迄今为止总是悲观地看待事物的人，为何会如此悲观呢"，其实那只是单纯的习惯而已。一直能够保持乐观心态的人为什么有这种习惯呢？一种是因为自身的性格使然，另一种是因为父母、老师抑或是上司的教导。

无论怎样悲观地看待周围的环境并不停地抱怨，抑或是保持乐观的心态开朗地生活，环境都不会发生改变。**全都取决于自己怎样想、怎样看待已经发生的事。**为何不能尝试狠下心来，暂时用乐观的态度去看待事物如何。

在这种时候，行动三中介绍过的"灵感笔记"尤其有效。具体做法正如同我在前文中介绍的那样：用3分钟写好第1页，用两分钟相互说明；然后用3分钟写好第2页，再用两分钟和其他人相互说明；用3分钟写好第3页，再找不同的人相互说明。

第一组：有过悲观地看待事物的经历吗？
第二组：有过乐观地看待事物的经历吗？
第三组：想一直保持积极乐观的心态应该怎样做？

只要找到4个朋友和熟人，一同实践灵感笔记，在短短17分钟后，看待世界的眼光就会发生非常大的变化。然后就会接连涌现很多想法，例如"并没有确切的原因让我陷入如此悲观的态度中""采取乐观的态度也不会有任何损失""或许我过去只是在钻牛角尖而已"。

请大家务必尝试一下。只需要花费短暂的时间，就能给自己带来很大的启发。

第一组：有过悲观地看待事物的经历吗？

第二组：有过乐观地看待事物的经历吗？

第三组：想一直保持积极乐观的心态应该怎样做？分别用 3 分钟的时间写好每一组的内容，再用两分钟时间相互说明（总计 15 分钟 =3 分钟 ×3 组）。

随后，以说明和聆听对方说明过程中的发现为基础，用两分钟进行修正。

（第一组）

悲观地看待事物的经历是（　　　　　　　　　）

1. 有哪些悲观地看待事物的经历？

2. 为何会悲观地看待事物？

3. 悲观地看待事物后，自己的行动发生了怎样的变化？

4. 悲观地看待事物后，周围人做出了怎样的反应？

(第二组)

乐观地看待事物的经历是（　　　　　）

1. 有哪些乐观地看待事物的经历？
   -
   -
   -

2. 为何能够乐观地看待事物？
   -
   -
   -

3. 乐观地看待事物后，自己的行动发生了哪些变化？
   -
   -
   -

4. 乐观地看待事物后，周围人做出了怎样的反应？
   -
   -
   -

(第三组)

想一直保持积极乐观的心态应该怎样做？

1. 在什么时候、什么状况下容易乐观地看待事物呢？
   -
   -
   -

2. 想保持乐观的心态应该怎样做？
   -
   -
   -

3. 继续保持乐观的心态会令自己的行为产生怎样的变化？
   -
   -
   -

4. 如果继续保持乐观的心态，会令周围人的态度产生怎样的变化？
   -
   -
   -

乐观会传染

想要变得乐观，最有效的办法就是，感受乐观的人带来的刺激。就算是同一件事物，他们也能够从乐观的角度去看待。

例如，在工作中制定新事业的计划时，一般的人会有"我能办到吗""就算能办到，也不知道应该从哪里着手""公司和上司会为我提供帮助吗"这样的焦虑，过度担心所有事情。

但是，乐观的人则会想"虽然是初次尝试，不过应该会顺利""虽然不知道该从哪里着手才好，但只要着手开始做，应该就能明白不少问题""公司和上司都很看好我。我几乎没有这个领域的经验，却还如此相信我，我应该努力做好。真是一家好公司啊"。

大家是否觉得"实在无法理解"呢？是否会有"我们根本不是一类人""乐观的人真是无忧无虑啊"这样的想法？

当然并不是大家想的那样。说到底，乐观的人不会刻意背负巨大的风险。他们只是认为，既然是必须要完成的工作，那就应该用积极向上的心态去对待。

并且，用积极向上的心态面对工作能够降低工作的风险。如果上司是乐观的人，那么下属也能够拿出干劲，这样交流会变得顺畅。同时还能收集到更加详细的信息，工作效率也会有所提升。成功的几率必定会有大幅上升。

问题就在于有的人即便明白用乐观的心态去看待问题更好，却依然觉得"没办法保持乐观"。有些人或是因为一直以来不断遭遇失败，或是无法获得成果，或是因为被上司训斥，或是因为被同事和后辈嘲笑，始终无法保持乐观的心态，我认为这是非常常见的情况。

但是，直接用一句话来概括就是"全看本人的心态"。在我看来，无法保持乐观的心态，无非是个"坏习惯"和"毫无建设性的烦恼"而已。这样也只是一直活在过去的阴影中。

那么，究竟应该怎样改变呢？

对于始终无法控制心态的人，我推荐的方法是，和乐观的人聊聊，听一下他们的思考方式，从他们身上获得启发。

事实上，单单是跟乐观的人见面聊天，就能让心情发生改变。毕竟"百闻不如一见"，请务必尝试一下。有时候甚至会感觉情绪非常高昂。即使认为"我的心态无法变得乐观"，但只要实际和乐观的人接触，就能够受到影响。

我原本就是乐观的人，即便如此，在情况非常不妙，或是睡眠不足的时候，心态也会变得有些悲观。在这种时候，我会尽可能积极地与乐观的人见面。

有一点我非常肯定，那就是"**乐观是会传染的**"。

反过来说，有些人虽然说自己始终无法变得乐观，其实是没有任何根据的。只要付出努力就能够让心态变得积极乐观。

行动

6

用特别的办法保持状态

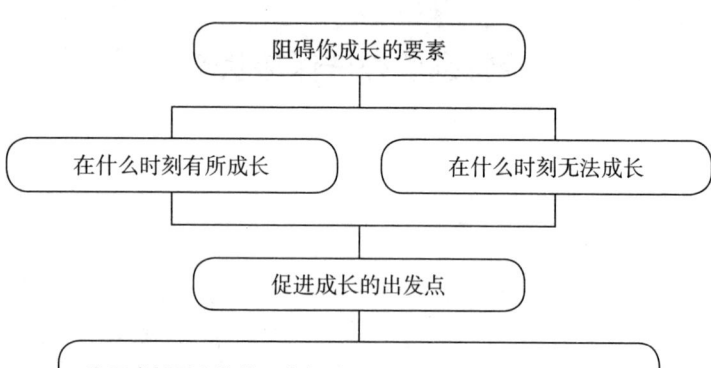

```
                    ┌──────────────────┐
                    │  阻碍你成长的要素  │
                    └──────────────────┘
              ┌─────────────┴─────────────┐
    ┌──────────────────┐           ┌──────────────────┐
    │ 在什么时刻有所成长 │           │ 在什么时刻无法成长 │
    └──────────────────┘           └──────────────────┘
              └─────────────┬─────────────┘
                    ┌──────────────────┐
                    │  促进成长的出发点  │
                    └──────────────────┘
```

为了成长而实施的七个行动

1. 果断降低难度
2. 坚持不痛苦的努力、能令人感到快乐的努力
3. 设法建立自信
4. 创造出良性循环
5. 养成乐观的思维方式
6. **用特别的办法保持状态**
7. 借助他人的力量，与同伴一起成长

为了能够持续成长，保持稳定的状态非常重要。这里提到的状态不单是指身体状态，还包括精神状态，我将其统称为"状态"。

了解自己的最佳状态是怎样的

首先，最重要的是必须弄清楚自己的最佳状态是怎样的。最佳状态因人而异，接下来，我想以我自身情况为例为大家说明。在这里我列举了一些较为普遍的事例，这样能方便更多的人尝试。

1. 必须保证最低限度的睡眠时间。
2. 每天在固定的时间起床。
3. 每天在几乎相同的时间段摄取三餐。
4. 不要吃得过饱。

5. 坚持定期运动。

6. 决定在"某天"做的事，要尽力在当天完成。

接下来我将逐一进行说明。

1. 必须保证最低限度的睡眠时间

我的睡眠时间一般为 5 个半小时。我其实也很想摄取更多的睡眠时间，但是我感觉并没有 6 个半小时以上的睡眠需求。然而，如果睡眠时间少于 5 个半小时，我早上醒来就会感觉昏昏沉沉，一整天都没有精神。我以半小时为单位尝试过多种不同的睡眠时间，就目前来说，要保持头脑清醒，我至少要保证 5 个半小时的睡眠时间。

2. 每天在固定的时间起床

目前对我来说，每天在固定的时间起床非常重要。原本每到周五的晚上，我总想着"休息日还有整整两天"，然后就会趁着时间充裕通宵读书，或是在网上不停地浏览感兴趣的文章。

这样一来，到了休息日的早上，我自然无法在平时的时间起床。强迫自己起床的话就会导致睡眠不足，由于是休息日，我通常还会选择午睡。一旦这样就要出问题了。到星期六深夜依然精力充沛，一直到天亮才能够睡觉，而到了周日也会在非常晚的时间段内醒来。

这样的生活状态并不是我喜欢的，我一直将其视作一个严重问题。但是，虽然我非常重视这个问题，却也不知道应该如何解决，结果一直对这个问题放任不管。

改变的契机是什么我已经忘记了，但是从某一天开始，我开始尝试在休息日也保持和平时一致的起床时间。这样一来，精神状态就好多了，我发现自己也彻底告别了懒散的生活方式。

我从那时开始，就形成了早上8点起床的习惯。直到现在，对我而言依然是在8点起床，身体状态才能达到最佳。但由于大多数会议都是早上8点~9点之间开始，我需要在参加会议之前回复邮件或是查看谷歌快讯，因此在最近几年，我将闹钟设置为早上7点。

形成早上7点必定起床的习惯后，我就有时间完成回复邮件、收集信息、制作资料等工作。这样一来，每天至少有半小时到1个半小时左右的准备时间，完成这些工作后我就可以神清气爽地出门上班了。

假如经常陷入过度在意没有完成的工作，不得不在两场会议的间隙完成并回复邮件的状况，必定会感到十分疲惫，这样就无暇顾及是否有所成长了。

3. 每天在几乎相同的时间段摄取三餐

吃饭的重要性就无须赘述了,但是我会特别在意吃饭的时间。我早上7点起床,紧接着会喝杯咖啡,有时还会吃一块苹果。不出意外的话,我会在11点半左右摄取简单的午餐。

麦肯锡的大前研一先生曾经说过"我的一日三餐几乎都是聚餐"。但是我很少参加,我会尽量避免在午餐时参加聚餐。

毕竟每天的工作都十分繁忙,我并没有时间参加聚餐,并且在午餐的时间段参加聚餐,会很容易饮食过量。

另一方面,在工作日的晚上,我每周会参加1~2次的演讲或专题研讨会,因此每周会参加两次左右的聚餐。这些聚餐,大多是从晚上7点半之后开始。

我非常重视晚上的聚餐,但是我从不参加第二轮聚餐,会在晚上10点左右回家,最晚不会超过11点,以确保回家后还有2~3个小时可以用来工作。

4. 不要吃得过饱

对我而言,不要吃得过饱既是永恒的课题,也是我在保持状态方面最关注的问题。我尝试过很多方法,例如刚开始吃饭时摄取大量蔬菜,或者喝汤、吃苹果,或者进行低碳水化合物的减肥。

然而,只依靠这些方法很难获得相应的成果,事到如今我依然不停地感到痛苦和后悔。我时常在想："假如我能够拥有为了制定的目标拼命努力的性格，那该有多好啊……"

然而，我的体重超出了目标体重10公斤，转眼间十多年过去了，体重终于有所减轻，结果要去国外出差，在飞机上或者中转站经常不小心吃得过多。我的减肥道路上总是重复这样的过程。

5. 保持定期运动

只要身为人类，就一定要保持定期运动。我长年坚持在星期六的上午打网球。不过在最近十年，星期日的夜间网球也成为了我在休息日的一个重要活动。哪怕星期一需要使用的演讲资料还没做完，哪怕我感觉有些疲惫，我也一定会去打网球。

虽然我是不太会感受压力的性格，不过因工作关系积累很大的压力也十分正常。在打网球的一个半到两个小时的时间里，我能够从压力中解放自己。

打完网球后，我的心情就会变得十分舒畅。并且，打网球这种运动对健康也很有好处。运动过后，也确实会感受到心态变得积极向上。因为下雨或是其他事情导致我无法在周日晚打网球的话，从第二天到星期三左右的这段时间里，我能够感受到身体还留有疲惫感。这或许是因为我没能在星期日的晚上彻底释放压力的缘故吧。

运动的方式也因人而异,能够选择的运动有很多,如瑜伽、慢跑、游泳、高尔夫球、足球、排球,等等。但是我认为重要的事项有两点,即"定期运动、出汗",以及"在运动的时间里忘记所有事情,全力运动"。

6. 决定在"某天"做的事,要尽力在当天完成

只是依靠维持身体状态还不足以调整到最佳状态。决定在当天做的事,拼尽全力完成后,想着"这下可以休息了"然后睡觉,和一边想着"啊,糟糕。怎么办啊。我能够完成吗"再上床睡觉还是有很大差别的。

如果是后者的话,我会十分在意,然后再次从床上爬起来坐到电脑前面。

因此,一直以来我会将工作推进到一个合适的阶段后再去休息。我推荐大家也这样做。当然,在这种情况下,睡眠时间会减少20～30分钟,不过我更注重自己的心情。

有意识地保持最佳状态

大致了解自己的最佳状态后,重要的就是有意识地保持这

种状态。如果有人问应该投入多少精力，我的回答便是全力以赴。因为假如不能坚决贯彻自己的决定，用不了多久便会前功尽弃。

只有将状态调整至最佳，才能顺利地开展工作，创造良性循环。这样一来，心态也会变得更加积极，这将直接关系到成长。假如无法保持最佳状态，会导致积极性降低，心情变得低落。当然，工作效率也必定会随之下降。

应该将保持最佳状态这一行为视作"奖励"，而不是只要"能做到就可以了"。这是"出发点"，希望大家能够将其视作**"令努力的收益最大化的基础"**并付诸行动。

只是保持最佳状态，就足以令人获得自信。甚至可以说，此举能为我们断绝退路。

这样一来，就能产生"因为我一直处于最佳状态，所以自然能获得成果"的想法，想偷懒的念头也会显著减少。

一定要转换心情、活动身体

在保持最佳状态的基础上，注意时常转换心情也十分重要。每个人转换心情的方式都有所不同，但如果无法转换心情，那么情绪也会变得更加的低落。

例如，前文中提到的星期日晚的网球运动，已经成了我最重要的转换心情的方式。这样做不仅对健康有好处，还能让我的心情变得更加舒畅。即便遇到了烦心事，只要我集中精力打球，在运动的期间就能将烦恼抛之脑后。并且，在一个半到两个小时的网球运动结束后，压力会大幅减轻。

我也觉得自己拥有这样的性格很幸福，不过，无论是谁，只要活动身体，或多或少都应该有相似的效果。

即使不打网球，还可以选择做瑜伽、游泳、慢跑、散步、打高尔夫球、踢室内足球、打棒球等运动，进行任何运动都会有相同的效果。通过运动能够大量出汗，这样不仅对健康有好处，而且对精神上也有很大的帮助。

或许有些人会说："我也很清楚这一点，但就是做不到。"我建议大家可以尝试"找到同伴一起努力"这个方法。只要有同伴，就不会出现所有人都心情低落或沮丧的情况。同伴中一定会有又精神又热心的人，这样就能带动大家的积极性了。

从这个角度来看，"只要去网球俱乐部就一定会遇到同伴"，网球的这个特性对我的帮助很大。并且我认为，团队运动更容易坚持下去。

最好先找到自己能坚持下去的运动，再制定计划，以便自己随时随地都能转换心情。

松懈很重要

在工作中，我们必须时刻追求高品质，但是过度追求完美的话，身体和精神方面都会难以负荷。我认为最难的就是掌握恰到好处的分寸。

当然，在工作中肯定要追求高品质，希望大家能够"无止境地追求下去"。无论是制造业、服务业，还是其他行业，只要从事一份工作需要获取相应的报酬，就必须追求品质。因此会有所成长，接触的工作范围也会不断扩大。

这样做并不会出现十分严重的问题，但是一旦上司或周围人的要求过高，超出了当事人的精神和体力能够承受的极限，几个月之后，那个人的状况就会开始恶化。

就算上司一视同仁，也存在抗压能力高、状况不会恶化的下属，大多数上司会认定"这样没问题""这种指导方式没有错"。

可是，一旦压力过大，进而患上抑郁症的话，对一个人造成的伤害也是终生的。这样一来就陷入了无法努力的境地。曾有人跟我说过"抑郁症就跟感冒差不多"，但其实并不是这样简单。如果不为保护自己而战斗，就会导致严重的后果。

在大公司就职的话，即便提出调换部门的申请也是很现实的。必须鼓起勇气,与人事部的人员交涉。最为困难的是组织规模比较小的企业。假如遇到了职权骚扰严重的上司,我认为就只有换工作这一种选择了。

但是,换工作也伴随着相应的风险。收入水平有可能会下降,还可能在新的职场与上司、同事或下属产生无法预料的摩擦。

是否超出限度

问题在于"是否超出限度"。首先,追求更高的目标,用积极的心态满怀憧憬地向着更高的目标前进,如果只是这样做并不会发生严重的问题。

然而,在上司或父母的要求下,身心俱疲地追求更高目标的话,就很容易超出自身的承受限度。毕竟是被强迫这样做的。

衡量是否超出限度的标准有"是否抱有积极的心态",以及"是否满怀憧憬"。如果能自然而然地感受到这种心情,那就没有问题。这样只要不停地努力就可以了,而且在努力的过程中也会感觉特别愉快。

否则的话,追求更高的目标会让人感到痛苦,假如经常会在不经意间叹气并想着"今天快些结束吧",这就是危险的信号。

过于认真的人容易陷入这种状况,因此就像在前文中提到的那样,掌握恰到好处的"度"十分重要。

当然,我指的并不是"从一开始就偷懒"和"敷衍"。我的意思是,要懂得适度,掌握"已经做到这种程度了,已经没有挽回余地了"这种思考方式。大多数情况下,过于认真的人会拼尽全力完成别人交给自己的任务,久而久之就会出现问题。

当然,都没怎么努力就认为自己已经"到了极限"并过早放弃,这是绝对不可取的做法。想必大家也十分清楚这一点。

结识能够商量任何事的人

我还推荐大家"结识能够商量任何事的人,同龄人、年长5岁的人、年长10岁的人、年轻5岁的人、年轻10岁的人各结识两名"。

值得信赖的人、拥有值得尊敬的价值观及判断力的人,也就是顾问兼指导。如果能结识这样的人,在感到迷茫、烦恼时,或是无法做出决断时都可以立即找他们商量,这样就能令心情变得更加轻松。

在寻找顾问和指导时，可以遵循以下步骤。

1. 首先，从"同龄人""年长 5 岁""年长 10 岁""年轻 5 岁""年轻 10 岁"5 个年龄段的人里面，各挑选出 5 名让你感觉"这个人会很合适"的人。在这时，不需要对挑选出来的人表达这件事。

2. 接下来，从这 5 个年龄段的理想人选中，分别挑选出更为理想的两三人，然后按照从高到低的顺序邀请他们共进晚餐。有些人在收到邀请后，有可能要等到一至两个月之后才会赴约，不过通常来说，只要用心，一定就会成功。

3. 一边吃饭，一边进行两个小时左右的谈话，这样就能找出让你感觉"这个人果然十分优秀""还想跟这个人商量更多的事情"的人了。原本我们邀请的人已经经过精挑细选，因此不会严重低于预期。如果感觉不够理想，还可以继续邀请排名第三、第四、第五的人。按照这种方法寻找，一定能够找到合适的人选。

4. 接下来就可以在感到迷茫或困惑的时候，礼貌地发邮件找他们商量。但是，即便对方值得信赖，假如是个有回复邮件较慢等问题的敷衍之人，也不太适合当作商量的对象。根据我的经验来看，我找人商量的频率大概在每年几次，因此个人感觉几乎不会让对方感到困扰。"我只是偶尔打扰一下，没有人会把我真心实意的求助当成困扰的"，这样想也没有问题。

5.接下来，向第一个人发送邮件后，再向所有人发送一封几乎相同的邮件。当然，记得更改收件人姓名，并且在邮件的开头附上恰当的问候语，即便如此，也需要在短时间内迅速发送出去。

6.根据我的经验来看，这样一来，几个小时以内就会收到大约一半人的回复，因此基本就能搞清楚应该怎样做了。这样就能获得不少解决烦恼的启发，如"也不用烦恼到这个地步""完全换一种角度看待即可"，等等。

或许也有人会说："在这5个年龄段中，每个年龄段的候补者可能还不到五人。"我建议这样的人可以在平时多参加学习会，或是运动、电影、读书等同好会，多与人接触。重点是对方的价值观和判断能力，只要积累起人脉，就能找到适合的人选。

可以说，对成长而言，这一举动不可或缺。

行动

7

借助他人的力量，
与同伴一起成长

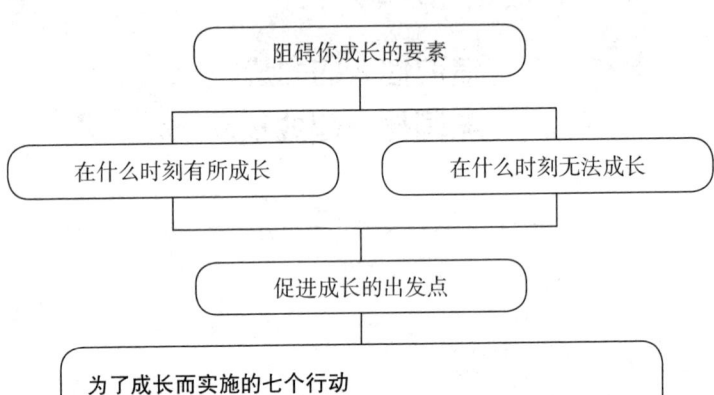

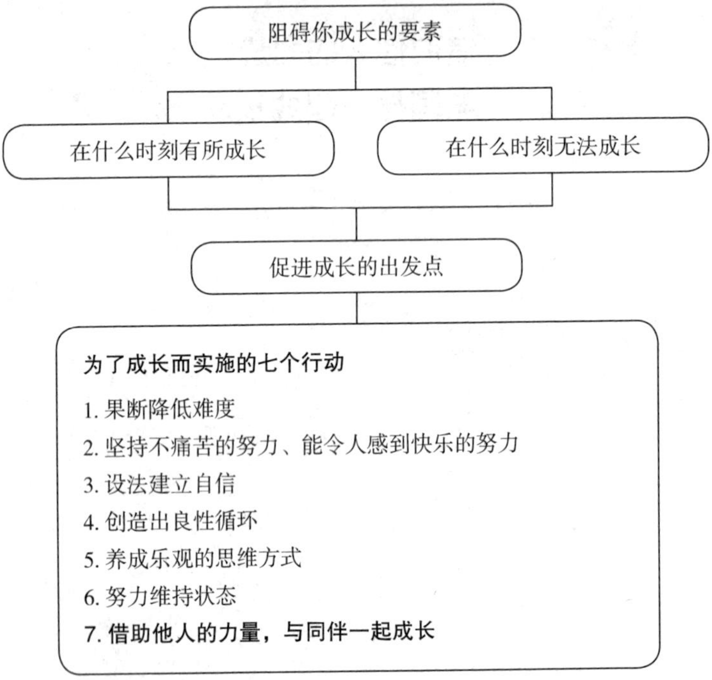

```
                    ┌─────────────────────┐
                    │  阻碍你成长的要素    │
                    └──────────┬──────────┘
                   ┌───────────┴───────────┐
        ┌──────────┴──────────┐ ┌──────────┴──────────┐
        │  在什么时刻有所成长  │ │  在什么时刻无法成长  │
        └──────────┬──────────┘ └─────────────────────┘
                   │
        ┌──────────┴──────────┐
        │   促进成长的出发点   │
        └──────────┬──────────┘
```

┌───┐
│ **为了成长而实施的七个行动**   │
│   │
│ 1. 果断降低难度   │
│ 2. 坚持不痛苦的努力、能令人感到快乐的努力│
│ 3. 设法建立自信   │
│ 4. 创造出良性循环   │
│ 5. 养成乐观的思维方式   │
│ 6. 努力维持状态   │
│ **7. 借助他人的力量,与同伴一起成长**   │
└───┘

独自一人能完成的事十分有限

　　为了有所成长，有时必须果断地求助他人。毕竟独自一人能做到的事情十分有限，并且容易落后于人。但是，很多人会过度地瞻前顾后，或是过于在意他人的想法，难以向他人求助。

　　或许是自傲在作祟吧。似乎很多人都会以"向他人求助就是认输""要是依赖别人，会被对方瞧不起"等借口为理由，无法开口向他人请求帮助。

　　可是，自傲究竟是什么呢？难道不是"我本应该更加出色。绝对不是从事这种工作的人"这种自负或自尊吗？一般来说，说"那个人很自傲"的时候，似乎大多数情况下是指"炫耀自己、认为自己很优越、一旦颜面扫地就会立刻激动起来"。

　　然而，这种行为毫无意义。毕竟无论怎样想，对你的评价是由周围的人来决定的，而不是擅自笃定"大家对我的评价应该更高才对"。

我认为通常来说，只有在一个人身上感受到了过分维护自尊、毫无根据自大、近乎于炫耀的自负时，才会说"那个人很自傲"。

上司和运动社团的前辈常对我说"骄傲一点"，我的理解是"要有自信，不要看轻自己，只要用心一定能获得成功"。在我的印象里高中触身式橄榄球社团的前辈、大学的美式橄榄球的前辈似乎曾对我说过这样的话，在那时，我似乎也对后辈说过同样的话。

然而，自傲是前辈对后辈、上司对下属常说的惯用句，我可不认为这个词本身具有巨大的意义。然而这个词却一直存在，已经逐渐脱离了原本的意思。

这样一种"骄傲"，会很大程度地妨碍我们的成长。在我看来，放弃没有意义的"骄傲"更具建设性，这样才不会妨碍成长。

为了有所成长，这是必须解决的问题。在大多数情况下，想向他人求助，就必须要放弃"自傲"这个有害的词。

必须将"自傲"一词，从自己的字典中删除。这个词语基本上有百害而无一利，我们应该努力舍弃这样的观念和想法。

当然，对于一直在使用这个词语的人来说，恐怕并没有那么容易舍弃。想必也有"一直为骄傲而活"的人吧。然而，心态成熟、工作能力出色的人，很少使用"自傲"一词。因为没有使用的必要，这个词跟他们无关。他们能够在心里尊重自己，一直做着自认为正确的事，一切与自傲有关的词都跟他们无缘。

当然，为了能够成为这样的人，就必须具备一定程度的自信，或者说必须有自我肯定的意识。毕竟缺乏自信和自我肯定的话，就会感觉"输给他人""被人轻视"。

这样一来，自傲便会作祟，导致无法向他人求助。

只有不断累积微小的成功经历才能逐渐消除不自信，因此这方面的努力是不可或缺的。

只要有同伴就不容易掉队

只要有同伴，做任何事都不会容易掉队。无论是一起学英语，还是一起学会计资格考试、房屋建筑资格考试，只要有同伴带动，就能够坚持下去。

我在高中和大学的运动社团有过这样的经历。在夏季集训等活动中，经过大量的练习，社团成员相继倒下并被抬走，但是我和同一届的六七名同伴却一起撑住了。另外，还有十多名有着相同目的的后辈也加入了社团，在这种情况下，我也从未考虑过"退出社团"这个选择。

在同伴们也都拼尽全力的情况下，无论练习多么艰苦，我都没有动摇，成功坚持到了最后。

在集训中，即便是"早晨、中午、下午、晚上的练习太过艰苦，以至于食欲不振，就连米饭都要用茶泡才吃得下去"这样的状况，我也能够和同伴们一起撑了下来，这让我收获了更大的自信。

在我开始工作后，加入麦肯锡公司工作期间，首尔的项目给我留下了尤其深刻的印象。当时，业绩稍差的日本分公司派出的数十名顾问，再加上从世界各地的办公室召集来的上百名顾问，一起完成了众多项目。

"星期一早上去首尔，星期五晚深夜返回日本"，这样的生活持续了10年。然而，即便如此辛苦的生活，我也从未产生过"中途放弃"的念头。原因就在于有同伴和我在一起努力。这段经历也成为我日后的自信的来源。

能够一起成长

只要有同伴，就能够一起成长。组建乐队、学习英语、读书、踢足球、打橄榄球、打棒球、踢室内足球、登山、滑雪，以及房屋建筑等资格考试，等等，是否有同伴一同完成这些事，有着很大的差别。

为何与同伴一起就能够一起成长呢？乍看之下，好像是件理所当然的事，不过有意识地加以利用的人似乎并不多。让我们重新思考一下其中的原理吧。

1. 共享彼此的创意和方法

比起独自一人不断地盲目尝试，共享彼此的创意和方法能够更快、更有效地找出"应该这样做"的方法。这是先进的企业大力实施的"共享最佳实践"。

让大家尝试模仿某人的成功方法，然后加以改良，因此能够急速累积行业经验。人类无论是开始农耕，品种改良，还是创造出工具和文化，都是依靠这种方式。这样可以大幅度提升成长的速度。

2. 高效收集信息

有同伴便能收集到更多的信息，因此从整体来看，通过网络、对话、展示会、学习会等途径收集信息时，能大范围、更快速、更有效地看到成效。

这样做不仅能够收集到准确的信息，周围人也会提醒我们"这个信息很重要"，从而对于从前完全没有关注过的，或是疏忽的信息变得更加关注。

在阅读重要的文章和书籍，或是参加学习会、展示会等活动时就不会有疏漏了，因此也不会再悔恨地想着"糟糕！要是早点知道该有多好啊"。

3. 找到竞争对手后充满干劲

有同伴也就意味着有了"对手"，整个人就会充满干劲，这正是人的天性。职业棒球赛也好，奥运会比赛也好，双方不断竞争，不断上演着让粉丝心潮澎湃的剧情。在竞争的同时，双方会获得快速的成长。

这样的场景不只是发生在职业选手之间，还经常出现在普通人之间。比如在进行唱歌、跳舞、瑜伽、做手工、烹饪、打网球、打排球、打高尔夫球等活动的时候，为了不输给对手而拼命练习，或是即便打算休息也会想着"这时候不能休息"，进而咬紧牙关，继续坚持。

这种感觉不是嫉恨或嫉妒，只是拥有共同目标的伙伴中，存在能让人不断涌现继续努力的念头的对手。

只要有对手，努力就逐渐不再是一种痛苦的行为了。这样必定能咬紧牙关，坚持到底。

另外，并不需要刻意邀请对方成为我们的对手。而是在和同伴一起为某个目标努力的过程中自然会诞生出对手。

为了同伴而努力

只要有同伴,就容易产生"为了那个同伴而努力"的情况。这不仅限于工作,还存在于棒球、足球、排球这些体育运动中,或是在组织合唱团、乐队等需要组成队伍时。由于不是独自一人完成,就算很辛苦,也能够坚持下去。

想必也有人觉得"与人打交道很麻烦""可能的话最好不与人接触",然而人类无法脱离群体,独自一人生存下去。刻意参加这类能够找到同伴的活动,其实也会成为你生活中的乐趣。

我在离开了大学的美式橄榄球社团后,到目前为止就只进行过网球运动,不过我一直期盼着,希望有朝一日有机会参加橄榄球、足球或是室内足球这类"团队运动"。

我之所以能够出版很多书,并且举办了大量演讲和专题研讨会,或许最根本的原因就在于对结识同伴的意识和关心吧。

借助灵感笔记寻找同伴

最后,我将介绍为了实践"促进成长的七个行动"的灵感笔记。请务必从身边的人中,召集4名以上的朋友和同事一同实践。

这不仅能收获重大发现,并且在实践这七个行动的过程中,还能找到优秀的同伴。

请按照以下三组主题来进行实践。

第一组：在何时无法实践促进成长的七个行动？
第二组：在何时成功地实践了促进成长的七个行动？
第三组：想在今后继续实践促进成长的七个行动时该怎么办？

第一组：在何时无法实践促进成长的七个行动？
第二组：在何时成功地实践了促进成长的七个行动？
第三组：想在今后继续实践促进成长的七个行动应该怎样做？

只要从身边的人中，召集 4 名以上的朋友和同事一同实践，不仅会有重大发现，还能找到优秀的同伴。

（第一组）

在何时无法实践促进成长的七个行动？	
1. 在什么时候始终无法完成决定的事？	2. 难以抵挡怎样的诱惑？为何总是半途而废？
- - -	- - -
3. 在遭受挫折之前，自己的行动有怎样的变化？	4. 当时周围人的反应是怎样的？
- - -	- - -

（第二组）

在何时成功地实践了促进成长的七个行动？

1. 不断完成决定的事是在什么时候？
　-
　-
　-

2. 如何战胜诱惑的？
　-
　-
　-

3. 自己的行动产生了怎样的变化？
　-
　-
　-

4. 当时周围人有怎样的反应？
　-
　-
　-

（第三组）

想在今后成功地实践促进成长的七个行动该怎么办？

1. 在什么情况下能够不气馁地将决定的坚持到底？
　-
　-
　-

2. 今后想不输给诱惑应该怎样做？怎样才能感受不到诱惑并不断前进？
　-
　-
　-

3. 对自己来说，接下来怎样成长才是最好的方式？
　-
　-
　-

4. 今后通过不断成长想要实现什么事？
　-
　-
　-

另外，我再介绍一下在制定目标时确定优先级的方法。

使用"2×2工作框架"可以减少困惑，更加干脆地决定目标。

横轴为"重要度",纵轴为"紧急度",依次在矩阵中写下脑海中浮现出的问题。

但是,有一点需要注意。

在右上角的"重要且紧急"一格中写下的问题,大家必定会解决,而在左下角的"既不重要也不紧急"一格中写下的问题,大多会被延后。至此倒是没关系,不过问题在于,解决左上的"不重要却很紧急"一格中写下的问题,总是会花费大量的时间。

如果在解决这个问题上耽误太久的时间,会导致"重要,却不紧急"一格中的问题被不断延后,日后会引发很大的问题。

这是所有人都会遇到的情况,我也容易输给这种诱惑。

但是,处理这个问题的方法只有一个。那就是,计算每次在解决"不重要却很紧急"的问题上花费的时间,然后将同等的时间投入到处理"重要,却不紧急"的问题上。这样一来,就能综合考虑待办事项的优先顺序。请大家务必尝试这个方法。

利用"2×2工作框架"决定目标

决定优先顺序的方法

	不重要	重要
紧急	- - -	- - -
不紧急	- - -	- - -

紧急度

重要度

实施时的注意事项

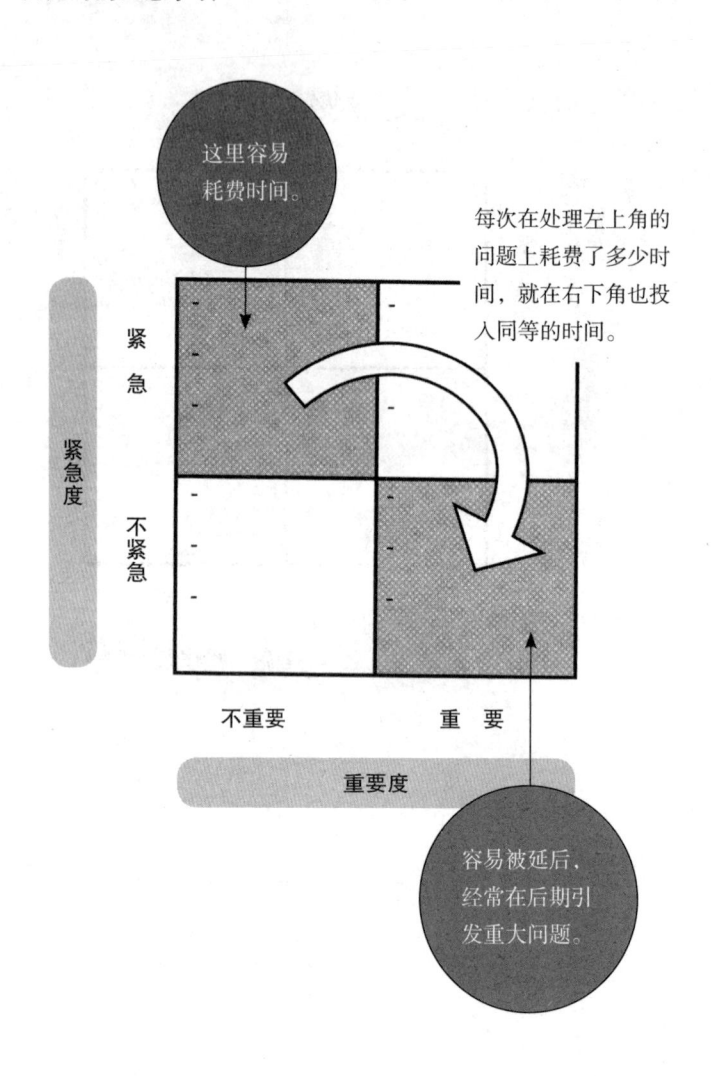

这里容易耗费时间。

每次在处理左上角的问题上耗费了多少时间,就在右下角也投入同等的时间。

紧急度

紧急

不紧急

不重要　　重要

重要度

容易被延后,经常在后期引发重大问题。

后　记

切实感受到成长

我在这本书中提供了多种为了能够有所成长的创意。

只要实践其中几项，很快就会获得正在成长的真实感受。为避免在日常的工作生活中随波逐流，只要重视"想变成这样""想掌握这种能力"的心情，就会开始发生变化。

也许有些人上一次感受到有所成长的时刻还是在遥远的学生时代。或许还有人会说迄今为止从未有过这种感受。

但是，我迄今为止接触过很多人，我始终认为，即使他们的公司、学历、家庭环境等背景有所不同，只要积极地付出行动，无论是谁都能获得成长，而且还能获得正在成长的真实感受。

自己正在成长的真实感受是一种非常愉快的感觉。在我们感受过的所有体验之中，这或许是最让人愉悦的体验之一。成功完成一件事这种经历，在某些情况下可能会超过切实感受自身有所成长带来的喜悦。然而，我们无法每一次都能够获得成功。当然，人也无法百分之百地控制成功。

感受到"自己正在日渐成长"更加重要，而且"再继续努力"这种想法会直接带给我们身为人类的喜悦。

我衷心希望大家能再次体会到这样的喜悦。

只需少许的努力和思考就能够切实感受。只要是人类就一定有办法成长。一旦拥有正在成长的真实感受，就能一天比一天变得更加强大，人的身体和精神也具备这样一种特性。

建立自信、恢复自信

想切实感受成长、不断地成长，需要建立自信。只要有自信，就算很痛苦也能够相信自己，想方设法地努力获取结果，在比赛中与人竞争时也能够努力坚持到最后。

自信主要源于"自我肯定""能够有效地促进成长的思考方

式和实际的努力""微小成功体验的累积"。

从出生到两岁的这段时间里，母亲的爱情和态度会对一个人的"自我肯定"产生决定性的影响。在上小学之前，父母的态度和家庭环境会极大程度地影响"自我肯定"。《依恋障碍》（冈田尊司）这本书中详细地阐述了这个问题，十分适合无法肯定自我价值的人阅读。而我们也能够从《原生家庭》（苏珊·沃福德）这本书中获得很大程度的参考和提示。

实际上，这方面的出版物非常多，网络上也有大量的文章。然而，尤其是商务人士几乎没有意识到这方面的问题。因此，虽然他们有"那个人为何能做出如此过分的事""为何我控制不住感情，立刻就会发怒？必须想办法改变才行"这类愤怒和自我厌恶的情绪，却无法理解会有感情障碍和发育障碍的原因以及与自身的关联，只是每天不断忙于工作，或许这就是他们的真实处境。更不要说"我该不会有问题吧"这样的想法，或许他们做梦都不会想到。

本书中已经详细说明了"能够有效地促进成长的思考方式和实际的努力"。任何人都可以克服障碍并获得成长，而且任何人也无法阻止你的成长。能够阻止成长的人是你"自己"。那只是因为你没有成长的意愿而已。

我在这本书中提供了诸多方法，一方面是为了防止大家自己停滞不前，另一方面是为了让大家能够继续努力前进。希望大家反复阅读，一定要克服障碍。有时，其实只是自己给自己设下了障碍而已。

那么，为何会提到"恢复自信"呢？我之所以刻意强调"恢复自信"，是因为健康成长的人，都具备一定程度的自我肯定感，在成长过程中也具备一定程度的自信。这是自然现象，即便说成是自然法则也不为过。

但是，毕竟出于各种原因遭受严重的心灵创伤的人非常多，如一直被父母轻视、一直被老师训斥或被同班同学排挤，一直被公司的上司训斥，等等。

在这本书中，针对这类人群也提供了诸多解决办法，这样能够自行治愈创伤，并且通过获取成功的经历等方式重塑健全的心灵。

想必大家都拥有很多痛苦的回忆，然而过去终究是过去。为了让接下来的每一天，以及接下来的人生变得更有意义，希望大家能够尽可能地尝试这些方法，重新获得自信。

积极的心态

想要建立自信或是恢复自信,需要从保持"积极的心态"出发。积极的心态是指"说不定我也能做到。虽然说不清原因,不过就这样尝试一下"这种心态。

不用说,与之相对的是"消极的心态"。无论做什么事,都会抱着"绝对会失败""反正做不到""强行去尝试,失败了便会被人嘲笑""只是想尝试就会被嘲笑。大家一定会说我不自量力"这样的想法,不断地找无法成功的借口,到头来一事无成。

想要成长,必须从保持"积极的心态"出发。因为只要能做到这一点,自己就能够付诸行动,然后就会开始产生想要尝试解决问题的想法。

无论如何也无法持有积极向上的心态的话,可以尝试每个月与心态乐观的朋友见一次面。只要见面,对方一定会向你传递积极的心态、干劲和能量,我们也会受到很大的鼓舞。会产生出想要尝试做些事情的想法。

在读这本书的读者,或许是去书店或在网络上购买到这本书。请再向前一步,务必尝试与心态积极的朋友见面。

这样从内心深处就能够涌现出惊人的能量。并且,这对于对方来说也是一件值得高兴的事。不必担心"是否会占用对方的时间""对方是否会认为我没用"这样的问题。

喜欢上自己

如果能够积极打破屏障有所成长,就能变得比之前更加喜欢自己。接下来就会认为"我也是非常努力的"。只要这样做,就能让心态变得积极,便会逐渐获得自信。

这样一来,也能够进入良性循环。

付出的某种努力换来了一些好的结果,进而使得其他方面也朝着更好的方向发展,再因连锁反应而获得了好的评价,然后可能突然获得更好的工作,也有可能改善人际关系。

在这种时候,就算一直陷入自我厌恶的人、经常后悔的人、一直郁郁寡欢的人都能够看到光明的未来,对于自己的批判和抱怨便会逐渐减少。

是否有"正在逐渐成为能够重视自己的人"这种感受呢?我感觉许多人即使没有直接做出自残的行为,在心理层面也做出了类似的行为,不过只要能够重视自己,这样的行为就会逐渐消失。

如果不喜欢自己的人能够逐渐喜欢上自己,那就太美妙了。

这样一来，世界上的职权骚扰、家庭暴力、冷暴力也会减少，我衷心期盼忧郁症、自残行为、自杀等问题逐渐减少的日子能够到来。

友善待人

如果喜欢自己的人增加的话，就会催生出友善待人的组织、群体、社区。如此一来，暴戾的风气也将逐渐得到改善。想方设法阻碍他人，嫉恨和嫉妒不断蔓延，肆意攻击他人的博客或推特等随处可见的现代社会也能逐渐变成友善待人的社会吧。

这样一来，社会里的每一个人渐渐地也能友善待人了。

朝着高目标努力与友善待人其实并不矛盾。两者完全可以同时存在，这样反而能让想要努力的人增多，进而能够挑战更高目标。

如果成长的人增多，能催生出"友善待人的人""友善待人的群体""友善待人的社会"，那真是再好不过了。

成长的圈子不断扩大

　　这样做的结果便是成长的范围不断扩大。在这样一个社会里，成长也变为了理所应当，这也会成为良好的刺激，让下一代人也能够有所成长。

　　这个概念，应该更加契合个人教育质量很高的日本。也就是说，充分发挥出日本人的特质是日本社会成功的关键。

　　我很乐于见到每个人都能打破自己的心理屏障，逐步地有所成长，让成长的范围不断扩大。

　　在最后，我想补充一下写这本书的理由。

　　在我看来，日本经济和日本企业的低迷现状已经是相当严峻的危机。虽然在经济高速增长期实现了惊人的成长，但是在那之后一直处于下滑的状态。GDP从世界第二跌至世界第三，人均GDP方面，在1993年后的4年里一直保持在世界第三，在这之后也一直呈下滑状态。到2015年时在世界的排名已经是第26了。

　　并且，苹果等公司的总市值已经超过60兆日元了，而另一方面，原本是世界知名品牌的索尼、松下和日立的总市值仅有2～3兆日元左右，已出现了决定性的差距。而富士通和NEC已经远远低于1兆日元。虽然目前仍旧为盈利状态，但是也不得不说，"作为企业来说，其全球竞争力非常低"。

想要摆脱这种状况，关键就在于人，人人变得充满活力、人人都能够有所成长是必不可少的。

日本人还有更大的成长空间，具备在全世界活跃的资质，还具备绝佳的团队合作精神和社会秩序。我由衷地期盼每个人都能获得极大程度的成长。

* * *

谢谢各位读者看到了最后。

如果大家愿意将读过本书后的感想和疑问发至我的邮箱（akaba@b-t-partners.com），我会感到无比喜悦，并且也会在第一时间回复大家。

其实，任何人都能够有所成长。只是上司不认为下属会成长的偏见，以及不认为自己能够成长的消极心态阻碍了我们的成长。

并且，只要有同伴必定有所改变。和同伴相互倾诉烦恼，一同分享"只要这样做就能够成功"的成功经历，请尝试一步一步脚踏实地地前进吧。

请一定要加入成长的队伍。

出版后记

你是否也有过这样的经历：觉得自己不可能做到，遇到挑战不敢放手一搏；认为自己没有能力，无论做什么都畏手畏脚；无论怎样努力都无法获得任何改变，甚至感到抑郁……这是因为你已经无法感受到自己日渐成长，失去了想要努力拼搏的干劲。其实，不断成长原本是人类最根本的性质和特性，而很多人却一直在原地踏步。

本书作者赤羽雄二，曾在麦肯锡公司工作14年，一手从零创办了麦肯锡韩国分公司。他在进入麦肯锡公司之前完全没有企业经营咨询相关的工作经验，甚至也完全没有过在众人面前发表讲话的经验。但是在进入麦肯锡之后，作者不断学习此前完全没有接触过的事物，努力成为一名合格的咨询顾问，同时也感受了自身的变化，切实感受到了成长。

在这本书中，作者分析了阻碍成长的几大因素，并结合自身经验，提出了"能够让所有人持续成长的方法论"，并且提供了多种能够让你有所成长的创意。作者将这些方法和创意归结为"打破成长障碍的 7 个行动"。从建立自信到创造良性循环，再到降低目标的难度，以及培养乐观的思维方式。只要实践其中的几项立刻就能够克服障碍，获得正在成长的真实感受。

只要能够打破屏障，任何人都能够获得很大的成长，也能够比之前更加喜欢自己。读罢这本书，让我们积极展开行动，让接下来的每一天，接下来的人生都充满意义。

服务热线：133-6631-2326　188-1142-1266

读者信箱：reader@hinabook.com

后浪出版公司

2019 年 4 月 31 日

图书在版编目（CIP）数据

终身成长行动指南：麦肯锡教你的7个成长法则／（日）赤羽雄二著；温玥译．－－南昌：江西人民出版社，2019.6

ISBN 978-7-210-11277-8

Ⅰ.①终… Ⅱ.①赤…②温… Ⅲ.①成功心理－通俗读物 Ⅳ.①B848.4-49

中国版本图书馆CIP数据核字(2019)第073936号

SEICHOSHIKO by YUJI AKABA
Copyright © YUJI AKABA 2016
All rights reserved.
Originally Japanese edition published by NIKKEI PUBLISHING INC.,Tokyo.

Chinese (in simple character only) translation rights arranged with
NIKKEI PUBLISHING INC., Japan through Bardon-Chinese Media Agency,Taipei.

版权登记号：14-2019-0117

终身成长行动指南：麦肯锡教你的7个成长法则

作者：[日]赤羽雄二　译者：温玥　责任编辑：冯雪松
特约编辑：李雪梅　筹划出版：银杏树下
出版统筹：吴兴元　营销推广：ONEBOOK　装帧制造：墨白空间
出版发行：江西人民出版社　印刷：北京盛通印刷股份有限公司
889毫米×1194毫米　1/32　6印张　字数：98千字
2019年6月第1版　2019年6月第1次印刷
ISBN978-7-210-11277-8
定价：38.00元
赣版权登字-01-2019-143

后浪出版咨询（北京）有限责任公司 常年法律顾问：北京大成律师事务所
周天晖 copyright@hinabook.com
未经许可，不得以任何方式复制或抄袭本书部分或全部内容
版权所有，侵权必究
如有质量问题，请寄回印厂调换。联系电话：010-64010019

《零秒思考》

著　者：（日）赤羽雄二
译　者：曹倩
书　号：978-7-210-09188-2
定　价：32.00元
出版时间：2017年6月

面对工作困境，怎么能瞬间看出症结所在？如何拥有零秒制胜的惊人决断力？
麦肯锡韩国分公司创始人、日本咨询大师倾力打造让思考语言化、可视化、技能化的终极武器。

　　临近deadline，还在迷迷糊糊兜圈子？工作不得要领，一番折腾后又回到原点？话在嘴边却怎么都说不出口？满脑子朦胧的想法却迟迟无法动笔写企划案？很多人都会面临这种工作困境，但至于怎么改变却总是找不到好办法。
　　这本书教你的就是把心中想法落实到语言和实践中的具体做法——零秒思考。
　　作者在麦肯锡公司的14年中，参与了企业的经营改革，深知员工的战斗力会很大程度上左右一个公司的未来，所以非常重视一个人的深入思考、制定解决方案，并能够彻底执行的能力。本书讲述的零秒思考就是他从多年实践中总结而来的。简单来说，就是运用A4纸整理思维碎片，集中1分钟时间进行"头脑体操"，从3个可行解决方案出发，高效收集目标信息。
　　相信这本书可以帮你告别盲目与拖延，让思考事半功倍，让工作难题迎刃而解！

《零秒工作》

著　者：（日）赤羽雄二
译　者：许天小
书　号：978-7-210-08832-5
定　价：36.00元
出版时间：2016年12月

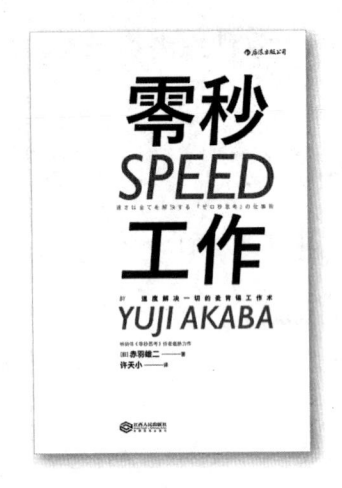

该做什么工作？按照什么顺序推进工作？如何提高每一项的工作速度？我们即使知道工作的效率和速度很重要，却还是因为工作进度缓慢而痛苦不堪，找不到解决办法。

本书作者曾在麦肯锡工作14年，一个人同时负责7-10个项目。独立创业后，同时参与数家企业的经营改革，每年举办的演讲超过50次…… 作者能够完成如此庞大工作量，其关键在于其工作哲学就是："思考的速度可以无限加快"和"工作的速度可以无限提升"。掌握了能够瞬间整理脑中思路的"零秒思考力"之后，你还需要能够快速、高效完成工作的"零秒工作术"。

本书中不仅有提升工作速度的基本观念，还有详细解说"零秒工作术"的具体做法，更有作者多年经验总结得出提升工作效率的诸多方法：凡事抢先一步做好准备，让工作进入良性循环；在电脑中登录200-300个常用词汇；利用白板提升会议效率，等等。有了这样的基础，再复杂的工作也能迎刃而解，让你在工作中充满自信。

《麦肯锡精英高效阅读法》

著　者：（日）赤羽雄二

译　者：陈　健

书　号：978-7-5139-2348-4

定　价：36.00元

出版时间：2019年3月

麦肯锡精英高效阅读技巧指南，全面改造你的阅读方式

在碎片化信息泛滥的当今社会，读书需要讲求正确的方式。读100本书也没有任何改变，读1本书就能获得切实的提升，这之间的差距在于你是否能将书中内容应用到工作和生活中。

本书作者赤羽雄二曾在麦肯锡公司工作14年，创办了麦肯锡韩国分公司。作为一名咨询师，他在工作中经常会遇到各种领域的知识。无论工作多么繁忙，他也会坚持每个月读至少10本书。为了能够在繁忙的工作中保证阅读时间和效率，他总结了一套独特的读书技巧。从选书到规划阅读时间，再到牢记书中的知识点、展开实际行动，这套技巧涵盖了读书过程中的所有关键点。牢记这些技巧，即便每天只用30分钟读书，也能够切实地吸收书中的知识，提升读书的价值，不断提升自身的能力。